TABLES

Imprimerie de E. Beugnies, place d'Armes, N° 12,
à Maubeuge (Nord)

TABLES

DES

MOMENTS DE RUPTURE

DES

POUTRES EN FER EN FORME DE DOUBLE T

OU

VALEURS DE LA FORMULE

$$\frac{R\,(ah^3 - a'h'^3 - a''h''^3 - a'''h'''^3)}{6\,h}$$

1° Pour les poutrelles fabriquées dans les Forges du Nord.

2° Pour les poutres composées dont l'âme est reliée aux plates-bandes par des cornières de 0m05, 0m06...........0m10 de côté.

h étant égal à 0m14, 0m16, 0m18...........0m50.

ou à 0m15, 0m20, 0m25...........2m00.

ou à 2m25, 2m50, 2m75, 3m00, 3m50, 4m00, 4m50, 5m00.

h — h' étant égal à 0m00, 0m01, 0m02..........0m10.

Introduction et formules pour le calcul au moyen des tables, des moments de rupture de poutres de hauteur quelconque moindre que 6m00 et dont les plates-bandes sont égales ou différentes.

Par N. RICHE

Ancien élève de l'École Polytechnique, Ingénieur de la Société de la Sambre Française canalisée

---

Paris

DUNOD, ÉDITEUR

Libraire des Corps des Ponts-et-Chaussées et des Mines, quai des Augustins, N° 49.

1869

TABLES

DES

MOMENTS DE RUPTURE

DES

POUTRES DE LA FORME

D'UN

DOUBLE T

INTRODUCTION

Les poutres de la forme d'un double T que l'on emploie le plus généralement dans les constructions, sont de deux espèces ; celles qui sont fabriquées d'une seule pièce et celles dont l'âme est reliée aux plates-bandes, au moyen de cornières.

Dans beaucoup d'usines, on fabrique aujourd'hui des poutrelles de la 1re espèce, mais les types adoptés diffèrent peu d'une usine à l'autre et sont en très petit nombre: comme d'ailleurs les dimensions de ces poutrelles sont limitées par les difficultés de fabrication, on est, le plus souvent, obligé de recourir à l'emploi de poutres composées, dont la forme varie à l'infini.

La résistance de ces poutres, dépend, comme on le sait, de la hauteur, des épaisseurs de l'âme et des plates-bandes, de la largeur de ces dernières et enfin des dimensions des cornières qui relient l'âme aux plates-bandes ; ces divers éléments variables pouvant se combiner d'une infinité de manières pour donner un même résultat rendent très pénible la recherche des formes d'une poutre économique devant produire un travail donné.

Les tables des moments de rupture ont pour but de faciliter ces recherches.

COMPOSITION DES TABLES

Les tables se composent de 4 parties.

La Ire PARTIE donne le moment de rupture des poutrelles fabriquées dans la plupart des forges du Nord. La dernière colonne de chaque page de cette 1re partie indiquant le rapport du moment de rupture au poids par mètre de la poutre, permet d'apprécier la valeur relative de ces diverses poutrelles.

La IIme PARTIE donne le moment de rupture de poutres dont la hauteur varie de 2 en 2 centimètres entre $0^{m}14$ et $0^{m}50$. Les cornières, employées dans ces poutres, pèsent 5 k. 25 et ont $0^{m}05$ de côté sur $0^{m}007$ d'épaisseur.

Les moments de rupture sont calculés pour des épaisseurs de plates-bandes, égales à $0^{m}005$, $0^{m}01$ et $0^{m}015$ et pour des largeurs de plates-bandes égales à $0^{m}105$, $0^{m}15$, $0^{m}20$ et $0^{m}30$.

L'épaisseur de l'âme de toutes ces poutres est égale à $0^{m}005$.

La IIIme PARTIE donne le moment de rupture de poutres dont la hauteur varie de 5 en 5 centimètres entre $0^{m}15$, $0^{m}20$ ou $0^{m}25$ et $2^{m}00$.

Les cornières employées dans ces poutres, ainsi que dans celles de la 4me partie, ont $0^{m}06$ de côté sur $0^{m}008$ d'épaisseur et pèsent 7 k. par mètre courant.

Dans les 2 premières tables de cette 3me partie, l'épaisseur des plates-bandes est supposée nulle, c-à-d que la poutre n'est formée que d'une âme et de 4 cornières.

Dans les 2 tables suivantes, où l'épaisseur des plates-bandes est supposée égale à $0^{m}005$, le moment de rupture a été calculé pour des poutres dont la largeur des plates-bandes est égale à $0^{m}15$, $0^{m}20$ ou $0^{m}30$: celles dont la hauteur est moindre que $1^{m}10$ ont une âme de $0^{m}005$ d'épaisseur, et celles dont la hauteur est supérieure à $1^{m}10$ ont une âme de $0^{m}01$ d'épaisseur.

Enfin dans les tables suivantes, les moments ont été calculés pour des poutres dont la largeur des plates-bandes est égale à $0^{m}15$, $0^{m}20$, $0^{m}30$, $0^{m}40$, $0^{m}50$, $0^{m}60$ et dont l'épaisseur de l'âme est égale à $0^{m}005$ ou $0^{m}01$.

La IVme PARTIE donne les moments de rupture de poutres dont la hauteur varie de 25 en 25 centimètres entre $2^{m}25$ et $3^{m}00$ et de 50 en 50 centimètres entre $3^{m}00$ et $5^{m}00$.

Dans ces poutres, les plates-bandes ont une épaisseur de $0^{m}01$, $0^{m}015$, $0^{m}02$, $0^{m}03$, $0^{m}04$, $0^{m}05$, une largeur de $0^{m}20$, $0^{m}30$, $0^{m}40$ pour une âme de $0^{m}01$ d'épaisseur, et une largeur de $0^{m}30$ et de $0^{m}60$ pour une âme de $0^{m}02$ d'épaisseur.

Dans les 3 dernières parties des tables, il y a pour chaque épaisseur de plates-bandes, deux colonnes intitulées << *suppléments à ajouter par centimètre en plus soit de largeur des plates-bandes soit de l'épaisseur de l'âme* >> : Les nombres inscrits dans ces colonnes, sur les mêmes lignes que les hauteurs, sont des quantités qui, multipliées par la différence de la largeur des plates-bandes ou de l'épaisseur des âmes, exprimée en centimètres comme unités, doivent être ajoutées au moment de rupture d'une poutre dont les dimensions sont définies par les tables, pour passer du moment de cette poutre à celui d'une autre poutre, égale d'ailleurs à la 1re et n'en différant que par l'épaisseur de l'âme ou la largeur des plates-bandes.

Dans les 2 dernières parties, il y a encore, pour chaque épaisseur de plates-bandes, 4 colonnes intitulées << *suppléments à ajouter pour emploi des cornières de* 0^{m}07, 0^{m}08, 0^{m}09 *ou* 0^{m}10 *de côté, au lieu de celles de* 0^{m}06 *de côté* >> : Les nombres inscrits dans ces colonnes, sont des quantités qu'il faut ajouter au moment d'une poutre dans laquelle l'âme est reliée aux plates-bandes par des cornières de 0^{m}06 de côté, pour obtenir celui d'une autre poutre égale d'ailleurs, mais dans laquelle les cornières employées ont 0^{m}07, 0^{m}08, 0^{m}09 ou 0^{m}10 de côté.

Le poids des poutres est inscrit sous leur moment de rupture : il a été calculé, en tenant compte du poids des rivets espacés de 0^{m}10 en 0^{m}10 : l'unité est le kilogramme.

Le supplément de poids à ajouter, pour passer du poids d'une poutre, à celui d'une autre poutre, ne différant de la première que par les dimensions des cornières, est constant, quelles que soient les hauteurs ou les épaisseurs de l'âme et des plates-bandes; on ne l'a inscrit qu'une fois à chaque page, dans la colonne des suppléments de moments relatifs à chacune des cornières de 0^{m}07, 0^{m}08, 0^{m}09 ou 0^{m}10 de côté.

Le supplément de poids à ajouter pour passer du poids d'une poutre, à celui d'une autre poutre, ne différant que par la largeur des plates-bandes, ne varie que proportionnellement au supplément de largeur des plates-bandes et est indépendant de la hauteur de la poutre : on n'a donc aussi inscrit ce nombre qu'une fois par table relative à une même épaisseur de plates-bandes ; il figure sous le 1er nombre inscrit dans la colonne donnant le supplément par centimètre en plus de largeur des plates-bandes.

Les nombres inscrits dans les 2 dernières colonnes de chaque table relative à une même épaisseur de plates-bandes, permettent donc de calculer les moments de rupture et les poids de poutres de largeur de plates-bandes ou d'épaisseur d'âme quelconques.

L'examen de la formule, qui donne le moment de rupture d'une poutre composée d'une âme et de 2 plates-bandes égales, reliées au moyen de cornières, justifie la méthode indiquée ci-dessus pour passer du moment de rupture d'une poutre à celui d'une autre poutre ne différant de la première que soit par les dimensions des cornières, soit par la largeur des plates-bandes ou soit par l'épaisseur de l'âme :

En effet, la formule qui donne le moment de rupture des poutres composées est, comme on sait :

$$\frac{R\,(ah^3 - a'h'^3 - a''h''^3 - a'''h'''^3)}{6\,h} \quad (1)$$

dans laquelle $a' = a - 2c - E$

$a'' = 2(c - e)$

$a''' = 2e$

$h'' = h' - 2c$

$h''' = h' - 2c$

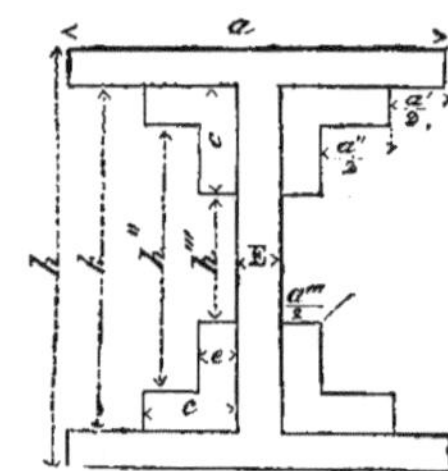

remplaçant a', a'', a''', h'', h''' par leurs valeurs ci-dessus, la formule (1) devient

$$\frac{R}{6\,h}\,[a(h^3 - h'^3) + E\,h'^3 + 12\,e\,h'^2(c - e) - 24\,e\,h'(c^2 + e\,c - e^2) + 16\,e\,(c^3 + e^2\,c - e^3)] \quad (2)$$

1° Si l'on considère deux poutres égales d'ailleurs, mais dans lesquelles les cornières employées sont différentes, la différence de leurs moments de rupture sera égale à $\frac{R}{6\,h}\,[12\,h'^2\,A(ee'\,cc') - 24\,h'\,B(ee'\,cc') + 16\,C(ee'\,cc')]$ quantité indépendante de l'épaisseur de l'âme et de la largeur des plates-bandes ; par conséquent la même pour toutes les poutres dont h est la hauteur et dans lesquelles [(h — h') = 2 fois l'épaisseur des plates-bandes] est la même.

2° Si les deux poutres ne diffèrent que par la largeur des plates-bandes, la différence de leurs moments de rupture sera égale à $\frac{R}{6\,h}(a - a_1)(h^3 - h'^3)$ a et a_1 étant les largeurs des plates-bantes des deux poutres. Cette différence est proportionnelle à $(a - a_1)$; si, donc on calcule $\frac{R}{6\,h} \times 0{,}01 \times (h^3 - h'^3)$ pour chaque hauteur h et pour chaque valeur de $(h - h')$, on trouvera le moment de rupture de la poutre dont les plates-bandes ont une largeur $= a_1$, la quantité $\frac{R \times 0{,}01 \times (h^3 - h'^3)}{6\,h}$ multipliée par $(a_1 - a)$ exprimée en centimètres comme unités, étant ajoutée au moment de rupture de la poutre dont les plates-bandes ont une largeur égale = a.

3° Enfin si les 2 poutres ne diffèrent entre elles que par l'épaisseur de l'âme, la différence de leurs moments de rupture sera égale à $\frac{R}{6\,h}$ (E'—E) h'^3, quantité proportionnelle à (E' — E); si donc on calcule $\frac{R \times 0.01 \times h'^3}{6\,h}$ pour chaque valeur de h et de h' on trouvera le moment de rupture de la poutre dont l'âme a une épaisseur E' en ajoutant au moment de la poutre égale mais dont l'âme a une épaisseur = E, le produit de $\frac{R}{6\,h}$ (0.01) h'^3 par (E'—E) exprimée en centimètres comme unités.

Moments de Poutres dont les Hauteurs ne sont pas dans les Tables.

1° Poutres dont la hauteur est < 2^m00.

L'examen de la formule qui donne le moment de rupture des poutres composées, démontre encore que pour trouver, avec une approximation plus que suffisante, le moment de rupture d'une poutre dont la hauteur H est comprise entre deux hauteurs h et h + 0.05 , indiquées dans la 3e partie des tables, on peut prendre le moment de rupture de la poutre dont la hauteur est h et y ajouter le 5e de la différence des moments des poutres de hauteur h + 0.05 et h , multiplié par (H — h) exprimée en centimètres comme unités.

2° Poutres dont la hauteur est comprise entre 2^m00 et 5^m00.

L'examen de cette formule démontre enfin que lorsque h est supérieure à 2^m00, la largeur des plates-bandes ne dépassant pas 0^m60, on peut, au moyen de formules très simples et avec une approximation de moins de 10 unités, c'est-à-dire à moins de $\frac{1}{10000}$ du moment de rupture de la poutre, trouver les moments de rupture des poutres dont la hauteur H est comprise entre les 2 hauteurs $h+0^m50$ et h, figurant dans la 4e partie des tables.

Soient M_h le moment d'une poutre de hauteur h , $M_{(h\,+\,0^m50)}$ celui d'une poutre de hauteur $h + 0^m50$, $D = M_{(h\,+\,0^m50)} - M_h$, $M_{(h\,+\,0^m10)}$, $M_{(h\,+\,0^m20)}$......les moments de poutres égales aux deux premières, mais, dont les hauteurs sont respectivement $h + 0^m10$, $h + 0^m20$ etc : Pour $E = 0^m01$ et R = 6,000,000 on aura

$$\left.\begin{aligned} M_{(h+0^m10)} &= M_h + \frac{D}{5} - 400 \\ M_{(h+0^m20)} &= M_h + \frac{2\,D}{5} - 600 \\ M_{(h+0^m30)} &= M_h + \frac{3\,D}{5} - 600 \\ M_{(h+0^m40)} &= M_h + \frac{4\,D}{5} - 400 \end{aligned}\right\}\ (A)$$

pour E différant de 0^m01, il faut multiplier les nombres 400, 600 par E exprimé en centimètres comme unités.

Pour trouver le moment d'une poutre de hauteur $H = (h + 0{,}m + 0^m0\ a\ b\ c)$, m étant < 5 et a, b, c, pouvant être des chiffres quelconques, on peut prendre la différence des moments des poutres dont les hauteurs sont $h + 0{,}m$ et $h + 0,(m+1)$ [moments donnés par les formules (A)], la multiplier par $10 \times [H - (h + 0{,}m)]$, ajouter le produit à $M_{(h+0{,}m)}$ et retrancher 16.

On peut se dispenser de calculer les moments $M_{(h+0{,}m)}$ et calculer directement les moments des poutres dont la hauteur $H = h + 0{,}m\ a\ b\ c$ au moyen des formules ci-dessous, E étant égal à 0^m01.

Si H est compris entre h et $h + 0^m10$,
on a $M_{(h+0{,}0\,a\,b\,c.....)} = M_h + \left(\frac{D}{5} - 400\right)(0{,}a\,b\,c...) - 16$

Si H est compris entre $h + 0^m10$ et $h + 0^m20$,
on a $M_{(h+0{,}1\,a\,b\,c.....)} = M_h + \left(\frac{D}{5} - 200\right)(1{,}a\,b\,c...) - 216$

Si H est compris entre $h + 0^m20$ et $h + 0^m30$,
on a $M_{(h+0{,}2\,a\,b\,c.....)} = M_h + \left(\frac{D}{5}\right) \times (2{,}a\,b\,c...) - 616$

Si H est compris entre $h + 0^m30$ et $h + 0^m40$,
on a $M_{(h+0{,}3\,a\,b\,c.....)} = M_h + \left(\frac{D}{5} + 200\right)(3{,}a\,b\,c...) - 1216$

Si H est compris entre $h + 0^m40$ et $h + 0^m50$,
on a $M_{(h+0{,}4\,a\,b\,c.....)} = M_h + \left(\frac{D}{5} + 400\right)(4{,}a\,b\,c...) - 2016$

Pour toute autre valeur de E, on multipliera les nombres 400, 200, 16, 216..... 2016 par E exprimé en centimètres comme unités.

Dans les calculs de la valeur de la formule $\frac{R\,(ab^3 - a'h'^3 - a''h''^3 - a'''h'''^3)}{6\,h}$, on a supposé $R = 6{,}000{,}000$.

USAGE DES TABLES

1° Poutres dont les plates-bandes sont égales.

La recherche de la forme la plus économique d'une poutre devant satisfaire à des conditions déterminées revient à chercher les valeurs des diverses variables de la formule $\frac{R\,(ah^3 - a'h'^3 - a''h''^3 - a'''h'''^3)}{6\,h}$ pour lesquelles cette formule donne un nombre égal à un nombre déterminé par les données de la question et pour lesquelles le poids de la poutre est un minimum.

Ainsi, soit à déterminer les dimensions d'une poutre de 9m00 de portée, devant résister à un effort de 2000 k. par mètre courant, le fer ne devant travailler qu'à 5 k. par millimètre carré de section : on devra donc avoir

$$\frac{5{,}000{,}000\,(ah^3 - a'h'^3 - a''h''^3 - a'''h'''^3)}{6\,h} = \frac{9^2 \times 2000}{8} = 20250 \quad (1)$$

multipliant les 2 nombres de l'égalité (1) par $\frac{6}{5}$ on aura :

$$\frac{6{,}000{,}000\,(ah^3 - a'h'^3 - a''h''^3 - a'''h'''^3)}{6\,h} = 24300$$

Or le premier nombre représente les quantités calculées dans les tables : il suffit donc de chercher à quelles dimensions correspond le nombre 24300. On voit :

1° (page 11) que la poutre pesant 83 k. 7 dans laquelle h = 1.40, E = 0.005, h — h' = 0, c = 0.06, a un moment = 24102.

2° (page 11) que la poutre pesant 120 k. 7 dans laquelle h = 1.15, E = 0.01, h — h' = 0, c = 0.06, a un moment égal = 24843.

3° (page 14) que la poutre pesant 95 k. 3 dans laquelle h = 1.05, E = 0.005, h — h' = 0.020, a = 0.15, c = 0.03, a un moment = 24609.

4° (page 18) que la poutre pesant 126 k. 0 dans laquelle h = 0.65, E = 0.005, h — h' = 0.030, c = 0.06, a un moment = 24252. Etc., etc.

Si aucune condition n'impose des valeurs déterminées pour une ou plusieurs des variables, on prendra la 1re poutre dans laquelle on augmentera au besoin, la hauteur h de 0m008 pour avoir un moment égal à 24300.

Si, au contraire, quelques dimensions sont imposées par les données de la question, on trouvera encore, au moyen d'opérations très simples effectuées sur les quantités calculées dans les tables, les dimensions inconnues des poutres devant avoir un moment de rupture donné.

Examinons à titre d'exemples quelques-uns des cas qui peuvent se présenter.

1° Soit à trouver une poutre dont le moment de rupture = 27000 et dans laquelle h = 0.85, h — h' = 0.030, c = 0.06, E = 0.005; la largeur de la plate-bande est la seule inconnue que l'on trouvera au moyen des quantités inscrites dans les colonnes des pages 18 et 19, en regard de 0.85.

On sait que la différence des moments de rupture de 2 poutres ne différant que par la largeur des plates-bandes, est proportionnelle à la différence des largeurs des plates-bandes : on aura donc (a — 0.20) 100 × 738 3 = 27000 — 25805 d'où a = 0.216.

On aura le poids de la poutre cherchée en ajoutant à 110 k. 50, poids de la poutre dont a = 0.20, le produit 2 k. 334 × 1.6 = 3.73 d'où P = 114 k. 23.

2° Supposons que dans les données précédentes on ait eu a = 0m20 et qu'on ait à chercher E.

On sait que la différence des moments de rupture de 2 poutres ne différant que par l'épaisseur des âmes est proportionnelle à la différence des épaisseurs des âmes: on aura donc

(E — 0.005) 100 × 6488 = 27000 — 25805 d'où E = 0.0068

dans ce cas le poids de la poutre P = 110 k. 5 + 0.18 × 63 k. 8 = 122 k. 0.

3° Supposons que dans les données premières, a soit égal à 0.15 et que c soit l'inconnue. Comme la différence (27000 — 22113 = 4887) est sensiblement égale à 4897 inscrit dans la colonne relative à la cornière de 0m08 de côté, on pourra prendre c = 0.08 et dans ce cas la poutre pèsera 98.8 + 18 = 116 k. 8.

4° Enfin supposons que h — h' étant inconnue, on ait a = 0.15, E = 0.005, h = 0.85 et c = 0.06. On voit que 27000 est compris entre 25315 (page 22) et 28437 (page 26) on peut poser, sans erreur sensible

$$\frac{(h - h') - 0.04}{0.01} = \frac{27000 - 25315}{28437 - 25315} = 0.54$$

d'où h — h' = 0.0454.

Ces exemples résument les divers cas qui peuvent se présenter.

2° Poutres dont les plates-bandes sont inégales.

Les tables permettent encore de calculer les moments des poutres dans lesquelles les plates-bandes sont d'épaisseur et de largeur différentes : On sait que dans ce cas, on doit au préalable, chercher la position de l'axe neutre : soit A A sa position (Fig. 2)

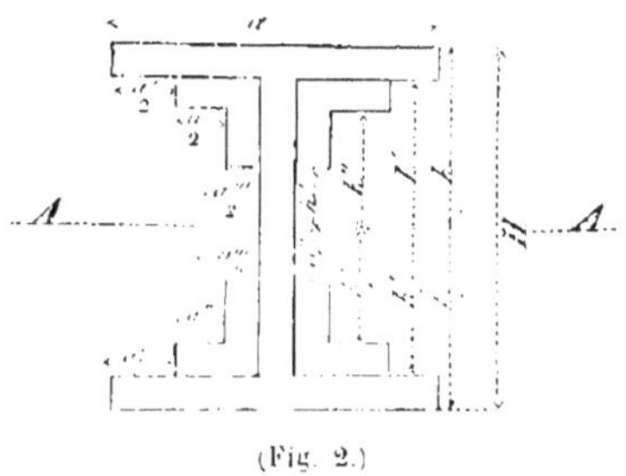

(Fig. 2.)

le moment de rupture sera égal à

$$\frac{R}{3\,H}\left[\left(ah^3 - a'h'^3 - a''h''^3 - a'''h'''^3\right) + \left(a_1h_1^3 - a_1'h_1'^3 - a_1''h_1''^3 - a_1'''h_1'''^3\right)\right]$$

que l'on peut mettre sous la forme

$$\frac{1}{H}\left\{2h\frac{\left(R(ah^3 - a'h'^3 - a''h''^3 - a'''h'''^3\right)}{6\,h} + 2h_1\frac{\left(R(a_1h_1^3 - a_1'h_1'^3 - a_1''h_1''^3 - a_1'''h_1'''^3\right)}{6\,h_1}\right\}$$

Les tables donnent les quantités $\frac{R\left(ah^3 - a'h'^3 - a''h''^3 - a'''h'''^3\right)}{6\,h}$ et $\frac{R\left(a_1h_1^3 - a_1'h_1'^3 - a_1''h_1''^3 - a_1'''h_1'''^3\right)}{6\,h_1}$; en les multipliant respectivement par $2\,h$ et $2\,h_1$, les ajoutant et divisant le tout par H on aura le moment de la poutre ayant des plates-bandes d'épaisseur et de largeur différentes.

1ère PARTIE

TABLES

DES

MOMENTS DE RUPTURE

DES

POUTRES LAMINÉES

NOTA. — Les poids indiqués dans la 6e colonne de ces tables ont été calculés d'après les dimensions côtées sur les albums des usines.

Poutrelles laminées

Hauteur.	DIMENSIONS.				POIDS du MÈTRE courant.	MOMENT de rupture pour R=6 000 000	RAPPORTS du moment de rupture au poids.
	PLATES - BANDES OU AILES.		AME. ÉPAISSEUR				
	LARGEUR.	ÉPAISSEUR moyenne.	à mi-hauteur.	près des Plates-Bandes			
0m08	0,038	0,006	0,005	0,006	6 k 50	117	18 »
	0,041	0,006	0,005	0,005	6 25	119	19 »
	0,042	0,006	0,009	0,010	9 »	143	15 9
	0,045	0,006	0,007	0,009	8 70	145	16 7
	0,053	0,0048	0,004	0,004	6 80	139	20 4
0m10	0,043	0,006	0,005	0,006	8 k »	178	22 2
	0,043	0,006	0,005	0,007	9 »	192	21 3
	0,045	0,006	0,007	0,009	11 »	212	19 2
	0,048	0,006	0,010	0,011	12 »	229	19 1
	0,067	0,006	0,005	0,005	10 60	270	25 5
0m12	0,045	0,006	0,005	0,007	11 k »	244	22 2
	0,050	0,007	0,009	0,011	15 »	313	20 9
	0,052	0,007	0,012	0,014	17 »	344	20 2
	0,067	0,0072	0,005	0,005	12 80	389	30 4
	0,068	0,0072	0,006	0,006	13 70	405	29 5
0m14	0,047	0,007	0,006	0,007	13 k »	350	27 »
	0,047	0,007	0,006	0,008	14 »	357	25 5
	0,051	0,007	0,010	0,012	18 50	437	23 6
	0,053	0,007	0,012	0,013	20 »	464	23 2
	0,077	0,0084	0,005	0,005	15 80	582	36 8
0m16	0,048	0,007	0,008	0,010	16 k »	480	30 »
	0,053	0,008	0,012	0,014	24 »	636	26 5
	0,055	0,008	0,015	0,017	25 50	680	26 7
	0,088	0,0096	0,0056	0,0056	21 40	899	42 1
0m18	0,055	0,009	0,008	0,011	20 k »	733	36 7
	0,062	0,009	0,015	0,018	30 »	960	32 »
	0,063	0,009	0,016	0,019	31 50	992	31 5
	0,10	0,012	0,009	0,009	31 »	1349	43 5
	0,107	0,012	0,016	0,016	41 »	1572	38 3
	0,117	0,011	0,0063	0,0063	27 10	1281	47 2

Hauteur.	DIMENSIONS. PLATES-BANDES OU AILES. LARGEUR.	Épaisseur moyenne.	AME. ÉPAISSEUR à mi-hauteur.	près des Plates-Bandes.	POIDS du MÈTRE courant.	MOMENT de rupture pour R=6000000	RAPPORTS du moment de rupture au poids.
0m20	0,062	0,010	0,008	0,011	24 k »	1015	42 3
	0,065	0,009	0,0075	0,011	24 50	985	45 8
	0,070	0,010	0,016	0,019	35 »	1545	58 1
	0,075	0,009	0,016	0,020	35 »	1555	58 7
	0,110	0,014	0,010	0,010	38 »	1870	49 2
	* 0,117	0,014	0,017	0,017	50 »	2150	43 »
	0,130	0,012	0,007	0,007	36 »	1954	54 2
0m22	0,064	0,010	0,008	0,009	24 k 50	1098	44 8
	0,064	0,010	0,008	0,010	25 »	1144	45 8
	0,071	0,010	0,016	0,017	39 »	1445	57 1
	* 0,072	0,010	0,016	0,018	40 »	1524	38 1
	0,120	0,011	0,0077	0,0077	35 20	2016	57 3
0m25	0,115	0,015	0,011	0,011	45 k »	2740	60 9
	* 0,122	0,015	0,018	0,018	62 »	3180	51 3
	0,136	0,015	0,0075	0,0075	47 70	3259	67 9
0m26	0,067	0,012	0,013	0,013	40 k »	1794	44 8
	0,074	0,012	0,020	0,020	58 »	2267	39 1
	0,130	0,016	0,012	0,012	53 »	3490	65 9
	* 0,138	0,016	0,020	0,020	68 »	3930	57 8
	0,142	0,0155	0,0078	0,0078	51 80	3644	70 3
0m30	0,080	0,012	0,012	0,012	41 k 50	2431	58 5
	0,100	0,014	0,012	0,012	48 »	3088	64 3
	0,120	0,018	0,012	0,018	65 »	4305	66 2
	* 0,128	0,019	0,020	0,026	85 »	5025	59 1
	0,133	0,018	0,009	0,009	58 40	4565	78 1
0m40	0,142	0,020	0,014	0,018	90 k »	8292	92 1
	0,147	0,020	0,019	0,025	105 »	9048	86 1

Les poutres marquées d'une astérisque sont des poutres que l'on conseille de fabriquer, leur emploi devant être avantageux ainsi que l'indiquent les nombres de la dernière colonne.

2me PARTIE

Tables des Moments de Rupture

DE POUTRES

dont la hauteur varie de 0m02 en 0m02 de 0m14 à 0m50 de hauteur :

dont les plates-bandes ont une largeur de 0m105, 0m15, 0m20, 0m30, et une épaisseur de 0m005, 0m010 et 0m0m15 :

et dont les cornières servant à relier l'âme aux plates-bandes ont 0m05 de côté ;

ou valeurs de l'expression

$$\frac{R\,(ah^3 - a'h'^3 - a''h''^3 - a'''h'''^3)}{6\,h}$$

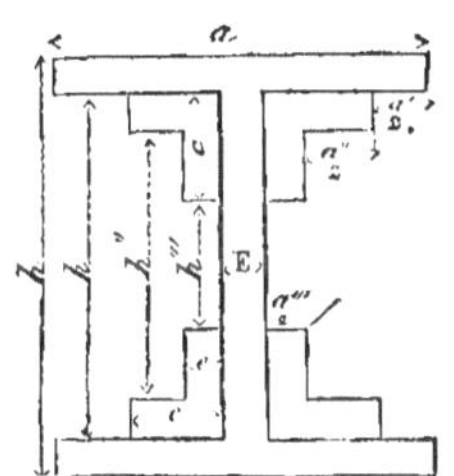

pour R = 6000000

h variant de 0m02 en 0m02 de 0m14 à 0m50

$\frac{h - h'}{2}$ étant égal à 0m005, 0m01, 0m015

h' — h''' = 0m05

h' — h'' = 0m007

a étant égal à 0m105, 0m15, 0m20, 0m30

EPAISSEUR DE L'AME = 0m005. — COTÉ DES CORNIÈRES = 0m05.

EPAISSEUR des plates-bandes. =	0m005						0m01		
LARGEUR des plates-bandes. =	0m105	0m15	0m20	0m30	Suppléments par centimètre en plus		0m105	0m15	0m20
HAUTEURS.					de largeur des plates-bandes.	d'épaisseur de l'âme			
0m14	1097 36k2	1270 39.7	1466 43.6	1854 51.3	39.2 0.778	157 10.1	1326 44.0	1652 51.0	2014 58.7
0m16	1326 37k0	1526 40.5	1752 44.3	2200 53.1	45.2	211 11.7	1592 44.7	1982 51.7	2404 59.5
0m18	1562 37k7	1789 41.2	2045 45.1	2555 53.9	51.2	273 13.2	1898 45.5	2352 52.5	2814 60.3
0m20	1804 38k5	2061 42.0	2347 45.9	2919 54.7	57.2	343 14.8	2197 46.3	2685 53.3	3227 61.1
0m22	2053 39k3	2337 42.8	2653 46.7	3285 55.5	63.2	421 16.3	2503 47.1	3045 54.1	3647 61.8
0m24	2308 40k1	2619 43.6	2965 47.5	3657 56.2	69.2	507 17.9	2814 47.8	3410 54.8	4072 62.6
0m26	2568 40k8	2906 44.3	3282 48.2	4034 57.0	75.2	601 19.5	3131 48.6	3781 55.6	4503 63.4
0m28	2833 41k6	3198 45.1	3604 49.0	4416 57.8	81.2	703 21.0	3454 49.4	4158 56.4	4940 64.2
0m30	3103 42k4	3495 45.9	3931 49.8	4803 58.6	87.2	813 22.6	3782 50.2	4540 57.2	5382 65.0
0m32	3377 43k2	3796 46.7	4262 50.6	5194 59.3	93.2	931 24.1	4115 51.0	4926 58.0	5828 65.7
0m34	3655 44k0	4101 47.5	4597 51.3	5589 60.1	99.2	1057 25.7	4452 51.7	5317 58.7	6279 66.5
0m36	3938 44k7	4411 48.2	4937 52.1	5989 60.9	105.2	1191 27.2	4794 52.5	5713 59.5	6735 67.3
0m38	4226 45k5	4726 49.0	5282 52.9	6394 61.7	111.2	1333 28.8	5140 53.3	6113 60.3	7195 68.1
0m40	4517 46k3	5044 49.8	5630 53.7	6802 62.5	117.2	1483 30.4	5491 54.1	6518 61.1	7660 68.8
0m42	4813 47k1	5367 50.6	5983 54.5	7215 63.2	123.2	1641 31.9	5847 54.8	6927 61.8	8128 69.6
0m44	5113 47k8	5694 51.3	6340 55.2	7632 64.0	129.2	1807 33.5	6206 55.6	7340 62.6	8600 70.4
0m46	5327 48k6	5925 52.1	6601 56.0	7953 64.8	135.2	1981 35.0	6570 56.4	7758 63.4	9078 71.2
0m48	5725 49k4	6360 52.9	7066 56.8	8478 65.6	141.2	2163 36.6	6939 57.2	8181 64.2	9561 72.0
0m50	6038 50k2	6700 53.7	7436 57.6	8908 66.3	147.2	2353 38.1	7309 58.0	8605 65.0	10045 72.7

EPAISSEUR DE L'AME = $0^{m}005$. — COTÉ DES CORNIÈRES = $0^{m}05$.

EPAISSEUR des plates-bandes.	= $0^{m}01$			$0^{m}005$					
LARGEUR des plates-bandes	= $0^{m}30$	Suppléments par centimètre en plus		$0^{m}105$	$0^{m}15$	$0^{m}20$	$0^{m}30$	Suppléments par centimètre en plus	
HAUTEURS		de largeur des plates-bandes.	d'épaisseur de l'âme.					de largeur des plates-bandes.	d'épaisseur de l'âme.
$0^{m}14$	2758 $74^{k}3$	72.4 1.556	125 9.3	1543 52.5	1997 63.0	2501 74.7	3509 98.0	100.8 2.334	95 8.6
$0^{m}16$	3248 $75^{k}1$	84.4	171 10.9	1859 53.3	2394 63.7	2987 75.5	4173 98.8	118.6	137 10.1
$0^{m}18$	3778 $75^{k}9$	96.4	227 12.4	2191 54.0	2804 64.5	3487 76.3	4853 99.6	136.6	187 11.7
$0^{m}20$	4311 $76^{k}6$	108.4	292 14.0	2543 54.8	3238 65.3	4010 77.1	5554 100.4	154.4	246 13.2
$0^{m}22$	4851 $77^{k}4$	120.4	364 15.6	2905 55.6	3679 66.1	4541 77.9	6265 101.2	172.4	312 14.8
$0^{m}24$	5396 $78^{k}2$	132.4	444 17.2	3273 56.4	4127 66.9	5078 78.6	6980 102.0	190.2	386 16.3
$0^{m}26$	5947 $79^{k}0$	144.4	532 18.7	3646 57.2	4582 67.6	5623 79.4	7705 102.7	208.2	468 17.9
$0^{m}28$	6504 $79^{k}7$	156.4	628 20.3	4026 57.9	5043 68.4	6173 80.2	8433 103.5	226.0	558 19.5
$0^{m}30$	7066 $80^{k}5$	168.4	732 21.8	4411 58.7	5509 69.2	6729 81.0	9169 104.3	244.0	656 21.0
$0^{m}32$	7632 $81^{k}3$	180.4	844 23.4	4801 59.5	5980 70.0	7289 81.7	9907 105.1	261.8	762 22.6
$0^{m}34$	8203 $82^{k}1$	192.4	964 24.9	5196 60.3	6456 70.7	7855 82.5	10653 105.9	279.8	876 24.1
$0^{m}36$	8779 $82^{k}9$	204.4	1092 26.5	5598 61.0	6937 71.5	8525 83.3	11301 106.6	297.6	998 25.7
$0^{m}38$	9359 $83^{k}6$	216.4	1228 28.0	6002 61.8	7422 72.3	9000 84.1	12156 107.3	315.6	1128 27.2
$0^{m}40$	9944 $84^{k}4$	228.4	1372 29.6	6411 62.6	7922 73.1	9588 84.9	12924 108.3	333.6	1266 28.8
$0^{m}42$	10530 $85^{k}2$	240.2	1524 31.2	6825 63.4	8407 73.9	10165 85.6	13681 109.1	351.6	1412 30.4
$0^{m}44$	11120 $86^{k}0$	252.0	1684 32.7	7243 64.2	8906 74.6	10754 86.4	14450 109.8	369.6	1566 31.9
$0^{m}46$	11718 $86^{k}7$	264.0	1852 34.3	7666 64.9	9410 75.4	11348 87.2	15224 110.6	387.6	1728 33.5
$0^{m}48$	12321 $87^{k}5$	276.0	2028 35.9	8093 65.7	9918 76.2	11946 88.0	16002 111.4	405.6	1898 35.0
$0^{m}50$	12925 $88^{k}3$	288.0	2212 37.4	8523 66.5	10429 77.0	12547 88.7	16783 112.1	423.6	2076 36.6

3me PARTIE

Tables des Moments de Rupture

DE POUTRES

dont la hauteur varie de 0^m05 en 0^m05 de 0^m20 à 2^m00 :

dont les plates-bandes ont 0^m15, 0^m20, 0^m30.........0^m50, 0^m60 de largeur et une épaisseur de 0^m005, 0^m010, 0^m015, 0^m020, 0^m025, 0^m030, 0^m035, 0^m040, 0^m045, 0^m05 :

et dans lesquelles les cornières employées ont 0^m06, 0^m07, 0^m08, 0^m09, 0^m10 de côté ;

ou valeurs de l'expression

$$\frac{R\,(ah^3 - a'h'^3 - a''h''^3 - a'''h'''^3)}{6\,h}$$

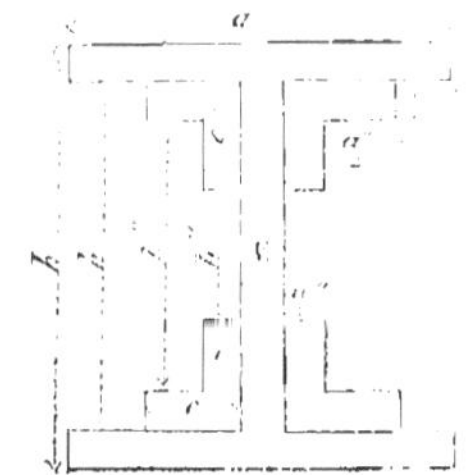

pour $R = 6000000$

$h = 0^m20$, 0^m25, 0^m30.........2^m00

$\frac{h - h'}{2} = 0^m000$, 0^m005, 0^m010, 0^m015.......0^m05

$a = 0^m15$, 0^m20, 0^m30, 0^m40, 0^m50, 0^m60

EPAISSEUR DES PLATES-BANDES = 0^m00.

Côté des Cornières = 0^m06.			0^m07	0^m08	0^m09	0^m10	Supplément par centimètre en plus d'épaisseur de l'âme.
Epaisseur de l'âme =	0^m005	0^m010	Suppléments pour emploi de ces cornières au lieu de celles de 0^m06 de côté.				
HAUTEURS.							
0m15	1141 37k1	1254 42.9	» 9.4	» 18.0	» 28.0	» 40.0	225 11.6
0m20	1720 39k0	1920 46.8	383	788	1224	1685	400 15.6
0m25	2342 41k0	2654 50 7	551	1006	1700	2333	625 19.4
0m30	2998 42k9	3448 54 6	686	1452	2210	3056	900 23.4
0m35	3685 44k8	4297 58.5	846	1759	2735	3775	1225 27.2
0m40	4400 46k8	5200 62.4	1008	2102	3276	4530	1600 31.1
0m45	5142 48k7	6154 66.2	1171	2449	3826	5301	2024 35.0
0m50	5911 50k7	7161 70.1	1336	2800	4381	6080	2500 38.9
0m55	6706 52k6	8218 74.0	1502	3152	4940	6865	3024 42.8
0m60	7527 54k6	9327 77.9	1668	3506	5503	7656	3600 46.7
0m65	8373 56k5	10485 81.8	1835	3862	6068	8451	4224 50.6
0m70	9245 58k5	11695 85.7	2002	4128	6634	9248	4900 54.5
0m75	10143 60k4	12955 89.6	2170	4575	7202	10049	5624 58.4
0m80	11066 62k4	14266 93.5	2330	4933	7771	10851	6400 62.3
0m85	12014 64 3	15626 97.4	2506	5292	8340	11655	7224 66.2
0m90	12987 66k2	17037 101.2	2675	5651	8912	12460	8100 70.1
0m95	13985 68k2	18497 105.1	2843	6010	9484	13266	9024 74.0
1m00	15009 70k1	20009 109.0	3012	6369	10057	14073	10000 77.9
1m05	16058 72k1	21570 112.9	3181	6729	10630	14881	11024 81.8

EPAISSEUR DES PLATES-BANDES = 0m00.							
Côté des Cornières = 0m06.			0m07	0m08	0m09	0m10	Supplément par centimètre en plus d'épaisseur de l'âme
Epaisseur de l'âme = / HAUTEURS.	0m005	0m010	Suppléments pour emploi de ces cornières au lieu de celles de 0m06 de côté.				
1m10	17132 74k0	23182 116.8	3350 9.4	7089 18.0	11203 28.0	15690 40.0	12100 85.7
1m15	18231 76k0	24845 120.7	3454	7449	11777	16436	13224 89.6
1m20	19354 77k9	26554 124.6	3623	7810	12351	17244	14400 93.5
1m25	20504 79k9	28316 128.5	3792	8171	12926	18120	15624 97.4
1m30	21678 81k8	30128 132.4	3961	8531	13500	18931	16900 101.3
1m35	22877 83k8	31989 136.2	4130	8892	14075	19742	18224 105.2
1m40	24102 85k7	33902 140.1	4299	9253	14650	20554	19600 109.1
1m45	25351 87k7	35865 144.0	4469	9614	15225	21376	21024 113.0
1m50	26626 89k6	37876 147.9	4638	9975	15801	22178	22500 116.9
1m55	27925 91k6	39937 151.8	4807	10337	16376	22990	24024 120.8
1m60	29250 93k5	42050 155.7	4976	10698	16952	23802	25600 124.7
1m65	30600 95k5	44212 159.6	5145	11059	17528	24614	27224 128.6
1m70	31974 97k4	46424 163.5	5315	11420	18104	25429	28900 132.5
1m75	33373 99k4	48685 167.4	5484	11781	18680	26242	30624 136.4
1m80	34798 101k3	50998 171.2	5654	12143	19256	27055	32400 140.3
1m85	36248 103k3	53360 175.1	5823	12505	19832	27869	34224 144.2
1m90	37723 105k2	55773 179.0	5992	12867	20409	28683	36100 148.1
1m95	39222 107k1	58234 182.9	6161	13228	20985	29496	38024 152.0
2m00	40747 109k0	60747 186.8	6331	13590	21562	30310	40000 155.9

EPAISSEUR DES PLATES-BANDES = 0m005.									
Côté des Cornières = 0m06				**0m07**	**0m08**	**0m09**	**0m10**	Suppléments par centimètre en plus	
Epaisseur de l'Ame = 0m005									
LARGEUR des plates-bandes. HAUTEURS.	= 0m15	0m20	0m30	Suppléments pour emploi de ces Cornières au lieu de celles de 0m06 de côté.				de largeur des plates-bandes.	d'épaisseur de l'âme.
0m15	1614 49k0	1824 52.9	2244 60.6					42.0 0.778	
0m20	2376 50k9	2661 54.8	3231 62.6	337 9.4	694 18.0	1078 28.0	 40.0	57.0	344 14.8
0m25	3206 52k9	3566 56.8	4286 64.5	480	992	1536	2108	72.0	552 18.7
0m30	4074 54k8	4509 58.7	5379 66.5	635	1311	2032	2795	87.0	812 22.5
0m35	4974 56k8	5484 60.6	6504 68.4	790	1645	2553	3522	102.0	1124 26.4
0m40	5904 58k7	6489 62.6	7659 70.4	951	1982	3088	4269	117.0	1484 30.3
0m45	6861 60k6	7521 64.5	8841 72.3	1115	2327	3653	5031	132.0	1892 34.2
0m50	7845 62k6	8580 66.5	10050 74.3	1277	2675	4184	5804	147.0	2352 38.1
0m55	8856 64k5	9666 68.4	11286 76.2	1442	3026	4740	6580	162.0	2864 42.0
0m60	9893 66k5	10778 70.4	12548 78.2	1608	3378	5300	7372	177.0	3424 45.9
0m65	10956 68k4	11916 72.3	13836 80.1	1776	3752	5862	8164	192.0	4032 49.8
0m70	12045 70k4	13080 74.3	15150 82.0	1944	4088	6427	8959	207.0	4692 53.7
0m75	13159 72k3	14269 76.2	16489 84.0	2110	4444	6994	9757	222.0	5404 57.6
0m80	14298 74k3	15483 78.2	17853 85.9	2276	4801	7562	10557	237.0	6164 61.5
0m85	15463 76k2	16723 80.1	19243 87.9	2444	5159	8131	11359	252.0	6972 65.4
0m90	16653 78k2	17988 82.0	20658 89.8	2612	5517	8701	12162	267.0	7832 69.3
0m95	17868 80k1	19278 84.0	22098 91.8	2780	5875	9272	12967	282.0	8754 73.2
1m00	19108 82k0	20593 85.9	23563 93.7	2949	6234	9845	13773	297.0	9704 77.1
1m05	20375 84k0	21935 87.9	25055 95.7	3117	6594	10415	14580	312.0	10716 81.0

EPAISSEUR DES PLATES-BANDES = $0^{m}005$.									
Côté des Cornières = $0^{m}06$				$0^{m}07$	$0^{m}08$	$0^{m}09$	$0^{m}10$	Suppléments par centimètre en plus	
Epaisseur de l'Ame = $0^{m}005$				Suppléments à ajouter pour emploi de ces cornières au lieu de celles de $0^{m}06$ de côté				de largeur des plates-bandes.	d'épaisseur de l'âme.
LARGEUR des plates-bandes. / HAUTEURS	= $0^{m}15$	$0^{m}20$	$0^{m}30$						
$1^{m}10$	27552 $128^{k}4$	[illegible] 132.5	32457 140.1	5285 9.4	6955 18.0	10988 28.0	15588 40.0	327.0 0.778	147[illegible] 84.9
$1^{m}15$	29422 $132^{k}5$	31152 136.2	34552 144.0	5454	7545	11561	16196	342.0	[illegible] 88.8
$1^{m}20$	31545 $136^{k}2$	33150 140.1	36700 147.9	5625	7675	12154	17005	357.0	[illegible] 92.7
$1^{m}25$	33516 $140^{k}1$	35176 144.0	38896 151.8	5792	8054	12718	17815	372.0	15252 96.6
$1^{m}30$	35558 $144^{k}0$	37275 147.9	41145 155.7	5964	8584	13282	18625	387.0	16[illegible] 100.5
$1^{m}35$	37410 $147^{k}9$	39420 151.8	43440 159.6	4130	8775	[illegible]	19435	402.0	[illegible] 104.4
$1^{m}40$	39531 $151^{k}8$	41616 155.7	45786 163.5	4299	9145	14451	20246	417.0	19184 108.3
$1^{m}45$	41702 $155^{k}7$	43862 159.6	48182 167.5	4469	9476	15006	21058	432.0	20692 112.2
$1^{m}50$	43925 $159^{k}6$	46158 163.5	50628 171.2	4638	9837	15581	21859	447.0	22052 116.1
$1^{m}55$	46197 $163^{k}5$	48507 167.5	53127 175.1	4807	10198	16156	22684	462.0	23564 120.0
$1^{m}60$	48519 $167^{k}5$	50904 171.2	55674 179.0	4976	10559	16732	23495	477.0	25124 123.9
$1^{m}65$	50892 $171^{k}2$	53352 175.1	58272 182.9	5145	10920	17307	24305	492.0	26736 127.8
$1^{m}70$	53312 $175^{k}1$	55847 179.0	60917 186.8	5315	11281	17883	25118	507.0	28392 131.7
$1^{m}75$	55785 $179^{k}0$	58395 182.9	63615 190.7	5484	11642	18459	25934	522.0	30100 135.5
$1^{m}80$	58307 $182^{k}9$	60992 186.8	66362 194.6	5654	12004	19035	26744	537.0	31864 139.4
$1^{m}85$	60880 $186^{k}8$	63640 190.7	69160 198.5	5823	12365	19611	27557	552.0	33676 143.3
$1^{m}90$	63500 $190^{k}7$	66335 194.6	72005 202.5	5992	12726	20187	28370	567.0	35532 147.2
$1^{m}95$	66171 $194^{k}6$	69081 198.5	74901 206.2	6161	13083	20763	29183	582.0	37440 151.1
$2^{m}00$	68895 $198^{k}5$	71880 202.5	77850 210.1	6331	13450	21340	29997	597.0	39404 155.0

EPAISSEUR DES PLATES-BANDES = 0^{m}01									
Côté des Cornières = 0^{m}06.									
Epaisseur de l'Ame = 0^{m}005							**0^{m}010**		
LARGEUR des plates-bandes. = / HAUTEURS.	0^{m}15	0^{m}20	0^{m}30	0^{m}40	0^{m}50	0^{m}60	0^{m}15	0^{m}20	0^{m}30
0^{m}15	1931 60^{k}2	2374 68.0	3159 83.6	3944 99.2	4729 114.8	5514 130.4	2054 65.3	2447 73.1	3232 88.7
0^{m}20	2960 62^{k}2	3502 70.0	4586 85.6	5670 101.2	6754 116.8	7858 132.4	3106 69.2	3648 77.0	4732 92.6
0^{m}25	3906 64^{k}1	4688 71.9	6072 87.5	7456 103.1	8840 118.7	10224 134.3	4240 73.1	4932 80.9	6316 96,5
0^{m}30	5074 66^{k}1	5915 73.9	7597 89.5	9279 105.1	10961 120.7	12643 136.3	5440 77.0	6281 84.8	7963 100.4
0^{m}35	6185 68^{k}0	7176 75.8	9158 91.4	11140 107.0	13122 122.6	15104 138.2	6699 80.9	7690 88.7	9672 104.3
0^{m}40	7328 70^{k}0	8469 77.8	10751 93.4	13033 109.0	15315 124.6	17597 140.2	8014 84.8	9155 92.6	11437 108.2
0^{m}45	8500 71^{k}9	9791 79.7	12373 95.3	14955 110.9	17537 126.5	20119 142.1	9384 88.7	10675 96.5	13257 112.1
0^{m}50	9699 73^{k}9	11140 81.7	14022 97.3	16904 112.9	19786 128.5	22668 144.1	10805 92.5	12246 100.3	15128 115.9
0^{m}55	10925 75^{k}8	12516 83.6	15698 99.2	18880 114.8	22062 130.4	25244 146.0	12279 96.4	13870 104.2	16804 119.8
0^{m}60	12178 77^{k}8	13919 85.6	17401 101.2	20883 116.8	24365 132.4	27847 148.0	13804 100.3	15545 108.1	19027 123.7
0^{m}65	13456 79^{k}7	15347 87.5	19129 103.1	22911 118.7	26693 134.3	30475 149.9	15380 104.2	17271 112.0	21053 127.6
0^{m}70	14761 81^{k}7	16802 89.5	20884 105.1	24966 120.7	29048 136.3	33130 151.9	17007 108.1	19048 115.9	23130 131.5
0^{m}75	16092 83^{k}6	18283 91.4	22665 107.0	27047 122.6	31429 138.2	35811 153.8	18686 112.0	20877 119.8	25259 135.4
0^{m}80	17448 85^{k}5	19788 93.3	24468 108.9	29148 124.5	33828 140.1	38508 155.7	20414 115.9	22754 123.7	27434 139.3
0^{m}85	18829 87^{k}5	21319 95.3	26299 110.9	31279 126.5	36259 142.1	41239 157.7	22193 119.8	24683 127.6	29663 143.2
0^{m}90	20236 89^{k}4	22876 97.2	28156 112.8	33436 128.4	38716 144.0	43996 159.6	24022 123.7	26662 131.5	31942 147.1
0^{m}95	21668 91^{k}4	24458 99.2	30038 114.8	35618 130.4	41198 146.0	46778 161.6	25902 127.6	28692 135.4	34272 151.0
1^{m}00	23126 93^{k}3	26066 101.1	31946 116.7	37826 132.3	43706 147.9	49586 163.5	27832 131.5	30772 139.3	36652 154.9
1^{m}05	24609 95^{k}3	27699 103.1	33878 118.7	40059 134.3	46239 149.9	52419 165.5	29813 135.3	32903 143.1	39083 158.7

EPAISSEUR DES PLATES-BANDES = 0m01.										
Côté des Cornières = 0m06				**0m07**	**0m08**	**0m09**	**0m10**	Suppléments par centimètre en plus	
Epaisseur de l'Ame = 0m010									
LARGEUR des plates-bandes. / HAUTEURS.	= 0m40	0m50	0m60	Suppléments pour emploi de ces Cornières au lieu de celles de 0m06 de côté.				de largeur des plates-bandes.	d'épaisseur de l'âme.
0m15	4017 **104k3**	4802 **119.9**	5587 **135.5**					78.5 **1.56**	136 **10.1**
0m20	5846 **108k2**	6900 **123.8**	7984 **139.4**	295 **9.4**	640 **18.0**	945 **28.0**	 **40.0**	108.4	292 **14.0**
0m25	7700 **112k1**	9084 **127.7**	10465 **143.3**	433	895	1380	1899	138.5	488 **17.9**
0m30	9645 **116k0**	11527 **131.6**	13009 **147.2**	582	1204	1865	2568	168.5	752 **21.8**
0m35	11654 **119k9**	13636 **135.5**	15618 **151.1**	737	1531	2377	3276	198.2	1028 **25.7**
0m40	13719 **123k8**	16001 **139.4**	18283 **155.0**	895	1866	2905	4015	228.2	1372 **29.6**
0m45	15839 **127k7**	18421 **143.3**	21003 **158.9**	1056	2207	3445	4769	258.2	1768 **33.5**
0m50	18010 **131k5**	20892 **147.1**	23774 **162.7**	1219	2553	3992	5537	288.2	2212 **37.4**
0m55	20234 **135k4**	23416 **151.0**	26598 **166.6**	1385	2901	4544	6312	318.2	2708 **41.3**
0m60	22509 **139k3**	25991 **154.9**	28473 **170.5**	1548	3252	5101	7094	348.1	3252 **45.2**
0m65	24835 **143k2**	28617 **158.8**	32399 **174.4**	1714	3605	5662	7885	378.1	3848 **49.1**
0m70	27212 **147k1**	31294 **162.7**	35376 **178.3**	1880	3959	6224	8674	408.1	4492 **53.0**
0m75	29641 **151k0**	34023 **166.6**	38405 **182.2**	2047	4313	6788	9470	438.1	5188 **56.9**
0m80	32114 **154k9**	36794 **170.5**	41474 **186.1**	2214	4670	7355	10267	468.1	5932 **60.8**
0m85	34643 **158k8**	39623 **174.4**	44603 **190.0**	2381	5027	7923	11067	498.1	6728 **64.7**
0m90	37222 **162k7**	42502 **178.3**	47782 **193.9**	2549	5385	8492	11868	528.1	7572 **68.6**
0m95	39852 **166k6**	45432 **182.2**	51012 **197.8**	2717	5743	9060	12671	558.1	8468 **72.5**
1m00	42532 **170k5**	48412 **186.1**	54292 **201.7**	2886	6101	9632	13475	588.1	9412 **76.4**
1m05	45263 **174k3**	51443 **189.9**	57623 **205.5**	3054	6460	10203	14281	618.1	10408 **80.3**

EPAISSEUR DES PLATES-BANDES = 0m01									
Côté des Cornières = 0m06.									
Epaisseur de l'Ame = 0m005							**0m01**		
LARGEUR des plates-bandes. / HAUTEURS.	= 0m15	0m20	0m30	0m40	0m50	0m60	0m15	0m20	0m30
1m10	26117 97k2	29557 105.0	35857 120.6	42317 136 2	48797 151.8	55277 167.4	31843 139.2	35083 147.0	41563 162.6
1m15	27650 99k2	31040 107.0	37820 122.6	44600 138 2	51380 153.8	58160 169.4	33924 143 1	37314 151.0	44094 166.6
1m20	29208 101k1	32748 108.9	39828 124.5	46908 140.1	53988 155.7	61068 171.5	36056 147.0	39594 154.9	46674 170.5
1m25	30794 103k0	34481 110.8	41861 126.4	49241 142.0	56621 157.6	64001 173 2	38235 150.9	41925 158 8	49505 174.4
1m30	32400 105k0	36240 112 8	45920 128.4	51600 144.0	59280 159.6	66960 175.2	40466 154.8	44306 162.7	51986 178.3
1m35	34034 106k9	38024 114.7	46004 130.3	53984 145.9	61964 161.5	69944 177.1	42748 158.7	46738 166.6	54718 182.2
1m40	35692 108k9	39862 116.7	48112 132.3	56392 147.9	64672 163 5	72952 179.1	45078 162.6	49248 170.5	57498 186.1
1m45	37376 110k8	41666 118.6	50246 134.2	58826 149 8	67406 165 4	75986 181.0	47460 166.5	51750 174.4	60330 190.0
1m50	39085 112k8	43525 120.6	52405 136.2	61285 151.8	70165 167.4	79045 183.0	49891 170.3	54331 178.3	63211 193.9
1m55	40819 114k7	45409 122 5	54589 138 1	65769 153.7	72949 169.3	82129 184.9	52373 174.2	56963 182 1	66143 197.7
1m60	42579 116k7	47319 124.5	56799 140.1	66279 155 7	75759 171.3	85259 186.9	54905 178.1	59645 186.0	69125 201.6
1m65	44363 118k6	49253 126 4	59053 142.0	68813 157.6	78593 173.2	88573 188 8	57487 182.0	62577 189.9	72157 ,205.5
1m70	46172 120k6	51242 128.4	61292 144 0	71572 159 6	81452 175 2	91552 190.8	60118 185.9	65158 193.8	75258 209.4
1m75	48006 122k5	53196 130 3	65576 145.9	73956 161.5	84536 177.1	94716 192 7	62800 189.8	67900 197.7	78370 213.3
1m80	49866 124k4	55206 132.2	65886 147.8	76566 163.4	87246 179.0	97927 194.6	65532 193.7	70872 201.6	81552 217.2
1m85	51750 126k4	57240 134.2	68220 149 8	79200 165.4	90180 181.0	101160 196.6	68314 197.6	73804 205.5	84786 221.1
1m90	53659 128k3	59299 136.1	70579 151.7	81859 167.3	93139 182.9	104419 198.5	71145 201.4	76785 209.3	88065 225.0
1m95	55594 130k3	61584 138.1	72964 153.7	84544 169.3	96124 184.9	107704 200.5	74028 205 3	79818 213.2	91398 228.8
2m00	57553 132k2	63495 140 0	75575 155.6	87253 171.2	99135 186 8	111013 202.4	76959 209 2	82899 217.1	94779 232.7

EPAISSEUR DES PLATES-BANDES = 0m01.										
Côté des Cornières = 0m06				0m07	0m08	0m09	0m10	Suppléments par centimètre en plus	
Epaisseur de l'Ame = 0m01									
LARGEUR des plates-bandes. HAUTEURS	= 0m40	0m50	0m60	Suppléments pour emploi de ces cornières au lieu de celles de 0m06 de côté.				de largeur des plates-bandes.	d'épaisseur de l'âme
1m10	48043 178^{k}2	54523 193.8	61003 209 7	3222 9.4	6819 18.0	10774 28.0	15088 40.0	648.1 1.55	11452 84 2
1m15	50874 182^{k}2	57554 197.8	64554 213.6	3391	7179	11346	15896	678.1	12548 88.1
1m20	53754 186^{k}1	60854 201.7	67914 217.5	3520	7538	11919	16703	708.1	12662 92 0
1m25	56685 190^{k}0	64065 205.6	71445 221.4	3728	7898	12482	17512	738.1	14888 95 9
1m30	59666 193^{k}9	67346 209.5	75026 225.3	3898	8258	13066	18321	768.1	16152 99 8
1m35	62698 197^{k}8	70678 213.4	78658 229 2	4066	8618	13640	19151	798.1	17420 103 7
1m40	65778 201^{k}7	74058 217.3	82358 233.1	4235	8978	14215	19941	828.1	18772 107 6
1m45	68910 205^{k}6	77490 221.2	86070 237 0	4404	9339	14788	20751	858.1	20168 111.5
1m50	72091 209^{k}5	80971 225.1	89851 240 9	4573	9699	15363	21565	888.1	21612 115 4
1m55	75325 213^{k}3	84505 228.9	93685 244.7	4742	10060	15938	22376	918.1	23108 119.3
1m60	78605 217^{k}2	88085 232.8	97565 248.6	4912	10421	16513	23186	948.1	24652 123.2
1m65	81937 221^{k}1	91717 236.7	101497 252 3	5081	10782	17089	23997	978.0	26268 127 0
1m70	85318 225^{k}0	95398 240.6	105478 256.4	5250	11143	17664	24809	1008.0	27932 130.9
1m75	88750 228^{k}9	99130 244.5	109510 260.3	5419	11504	18240	25621	1038.0	29588 134.8
1m80	92232 232^{k}8	102912 248.4	113593 264.2	5589	11865	18815	26434	1068.0	31332 138.7
1m85	95764 236^{k}7	106744 252.3	117724 268.1	5758	12226	19390	27247	1098.0	33128 142.6
1m90	99345 240^{k}6	110625 256.2	121905 272.0	5927	12588	19966	28060	1128.0	34972 146.5
1m95	102978 244^{k}4	114558 260.0	126138 275.8	6096	12950	20542	28873	1158.0	36868 150.4
2m00	106659 248^{k}3	118539 263.9	130419 279.7	6265	13311	21118	29686	1188.0	38812 154.3

EPAISSEUR DES PLATES-BANDES = 0m015.

Côté des Cornières = 0m06.

Epaisseur de l'âme =	0m005						0m01		
LARGEUR des plates-bandes / HAUTEURS	= 0m15	0m20	0m30	0m40	0m50	0m60	0m15	0m20	0m30
0m20	3477 73^k5	4249 85.2	5793 108.5	7337 131.9	8881 155.2	10425 178 5	3601 80.1	4373 91.8	5917 115.1
0m25	4714 75^k4	5709 87.1	7699 110 4	9689 133.8	11679 157.1	13669 180.4	4928 84.0	5923 95.7	7913 119.0
0m30	6000 77^k4	7219 89 1	9657 112.4	12095 135 8	14533 159.1	16971 182.4	6328 87.9	7547 99.6	9985 122.9
0m35	7321 79^k3	8765 91.0	11653 114.3	14541 137.7	17429 161.0	20317 184.3	7789 91.8	9233 103.5	12121 126.8
0m40	8675 81^k3	10343 93.0	13679 116.3	17015 139.7	20351 163.0	23687 186.3	9509 95.7	10977 107.4	14313 130.7
0m45	10060 83^k2	11953 94.9	15739 118.2	19525 141.6	23311 164.9	27097 188.2	10884 99.6	12777 111.3	16563 134.6
0m50	11473 85^k2	13591 96.9	17827 120.2	22063 143 6	26299 166.9	30535 190.2	12511 103.4	14629 115.1	18865 138.4
0m55	12914 87^k1	15256 98.8	19940 122.1	24624 145.5	29308 168.8	33992 192.1	14192 107.3	16534 119.0	21218 142.3
0m60	14381 89^k0	16948 100.7	22082 124.0	27216 147.4	32350 170.7	37484 194.0	15925 111.2	18492 122 9	23626 146.2
0m65	15876 91^k0	18668 102.7	24252 126.0	29836 149.4	35420 172.7	41004 196.0	17710 115.1	20502 126.8	26086 150.1
0m70	17396 92^k9	20413 104.6	26447 127.9	32481 151.3	38515 174.6	44549 197.9	19544 119.0	22561 130.7	28595 154 0
0m75	18943 94^k9	22185 106.6	28669 129.9	35153 153.3	41637 176.6	48121 199.9	21451 122.9	24673 134.6	31157 157.9
0m80	20514 96^k8	23981 108.5	30915 131.8	37849 155.2	44783 178.5	51717 201.8	23368 126.8	26825 138.5	33769 161.8
0m85	22113 98^k8	25805 110.5	33189 133.8	40573 157.2	47957 180,5	55341 203.8	25357 130.7	29049 142 4	36433 165.7
0m90	23736 100^k7	27652 112.4	35484 135.7	43316 159.1	51148 182.4	58980 205.7	27396 134.6	31312 146 3	39144 169.6
0m95	25385 102^k7	29526 114.4	37808 137.7	46090 161.1	54372 184.4	62654 207.7	29483 138 5	33624 150.2	41906 173.5
1m00	27059 104^k6	31425 116.3	40157 139.6	48889 163.0	57621 186.3	66353 209.6	31623 142 3	35989 154.0	44721 177.3
1m05	28760 106^k6	33351 118.3	42533 141.6	51715 165.0	60897 188.3	70079 211.6	33814 146 2	38405 157.9	47587 181.2

EPAISSEUR DES PLATES-BANDES = 0m015.									
Côté des Cornières = 0m06				0m07	0m08	0m09	0m10	Suppléments par centimètre en plus	
Epaisseur de l'Ame = 0m01									
LARGEUR des plates-bandes. / HAUTEURS,	= 0m40	0m50	0m60	Suppléments pour emploi de ces Cornières au lieu de celles de 0m06 de côté.				de largeur des plates-bandes.	d'épaisseur de l'âme.
0m20	7464 158^{k}5	9005 161.8	10549 185.1	255 9.4	529 18.0	» 28.0	» 40.0	154.5 2.554	248 15.2
0m25	9905 142^{k}4	11895 165.7	13883 189.0	387	799	1256	1700	199.1	428 17.1
0m30	12425 146^{k}5	14864 169.6	17299 192.9	555	1105	1707	2548	245.9	646 21.0
0m35	15000 150^{k}2	17897 173.3	20785 196.8	685	1425	2209	3045	288.8	956 24.9
0m40	17640 154^{k}1	20985 177.4	24321 200.7	842	1755	2729	3760	333.7	1263 28.8
0m45	20349 158^{k}0	24153 181.3	27921 204.6	1001	2081	3312	4516	378.6	1648 32.7
0m50	23101 161^{k}8	27357 185.1	31573 208.4	1165	2444	3894	5274	425.5	2076 36.5
0m55	25902 165^{k}7	30586 189.0	35270 212.5	1366	2780	4355	6014	468.5	2556 40.5
0m60	28760 169^{k}6	33894 192.9	39028 216.2	1490	3129	4907	6821	513.4	3038 44.5
0m65	31670 173^{k}5	37254 196.8	42838 220.1	1655	3480	5464	7605	558.4	3668 48.2
0m70	34620 177^{k}4	40665 200.7	46697 224.0	1821	3832	6024	8394	605.4	4296 52.1
0m75	37641 181^{k}3	44125 204.6	50609 227.9	1987	4187	6586	9187	648.4	4976 56.0
0m80	40703 185^{k}2	47657 208.5	54571 231.8	2153	4542	7151	9981	695.5	5708 59.9
0m85	43817 189^{k}1	51201 212.4	58585 235.7	2320	4897	7717	10779	738.5	6488 63.8
0m90	46976 193^{k}0	54808 216.3	62640 239.6	2488	5254	8284	11578	785.5	7320 67.7
0m95	50188 196^{k}9	58470 220.2	66752 243.5	2656	5611	8853	12380	828.5	8196 71.6
1m00	53453 200^{k}7	62185 224.0	70917 247.5	2824	5969	9422	13182	875.5	9128 75.5
1m05	56769 204^{k}6	65951 227.9	75133 251.2	2992	6327	9992	13986	918.5	10103 79.4

EPAISSEUR DES PLATES-BANDES = 0m015.									
Côté des Cornières = 0m06.									
Epaisseur de l'Ame =	0m005						0m01		
LARGEUR des plates-bandes =	0m15	0m20	0m30	0m40	0m50	0m60	0m15	0m20	0m30
HAUTEURS.									
1m10	30485 108k5	35299 120.2	44931 143.3	54563 166.9	64195 190.2	73827 213.5	36051 150.1	40867 161.8	50499 185.1
1m15	32253 110k4	37274 122.1	47556 145.4	57438 168.8	67520 192.1	77602 215.4	38341 154.0	43582 165.7	53464 189.0
1m20	34000 112k4	39275 124.1	49807 147.4	60339 170.8	70871 194.1	81403 217.4	40683 157.9	45949 169.6	56481 192.9
1m25	35809 114k3	41300 126.0	52282 149.3	63264 172.7	74246 196.0	85228 219.3	43075 161.8	48564 173.5	59546 196.8
1m30	37654 116k3	43349 128.0	54779 151.3	66209 174.7	77639 198.0	89069 221.3	45512 165.7	51227 177.4	62657 200.7
1m35	39485 118k2	45426 129.9	57308 153.2	69190 176.6	81072 199.9	92954 223.2	48003 169.6	53944 181.3	65826 204.6
1m40	41561 120k2	47526 131.9	59856 155.2	72186 178.6	84516 201.9	96846 225.2	50545 173.5	56740 185.2	69040 208.5
1m45	43262 122k1	49653 133.8	62435 157.1	75217 180.5	87999 203.8	100781 227.1	53136 177.4	59527 189.1	72309 212.4
1m50	45188 124k1	51805 135.8	65035 159.1	78265 182.5	91495 205.8	104725 229.1	55776 181.2	62391 192.9	75621 216.2
1m55	47139 126k0	53979 137.7	67659 161.0	81339 184.4	95019 207.7	108699 231.0	58467 185.1	65307 196.8	78987 220.1
1m60	49145 127k9	56180 139.6	70310 162.9	84440 186.3	98570 209.6	112700 232.9	61209 189.0	68274 200.7	82404 224.0
1m65	51117 129k9	58407 141.6	72987 164.9	87567 188.3	102147 211.6	116727 234.9	64004 192.9	71291 204.6	85871 227.9
1m70	53145 131k8	60658 143.5	75688 166.8	90718 190.2	105748 213.5	120778 236.8	66841 196.8	74356 208.5	89386 231.8
1m75	55195 133k8	62935 145.5	78415 168.8	93895 192.2	109375 215.5	124855 238.8	69733 200.7	77473 212.4	92953 235.7
1m80	57271 135k7	65236 147.4	81166 170.7	97096 194.1	113026 217.4	128956 240.7	72673 204.6	80640 216.3	96570 239.6
1m85	59273 137k7	67463 149.4	83843 172.7	100223 196.1	116603 219.4	132983 242.7	75567 208.5	83757 220.2	100137 243.5
1m90	61300 139k6	69945 151.3	86745 174.6	103575 198.0	120405 221.3	137235 244.6	78708 212.4	87123 224.1	103953 247.4
1m95	63652 141k6	72292 153.3	89572 176.6	106852 200.0	124132 223.3	141412 246.6	81800 216.3	90440 228.0	107720 251.3
2m00	[illegible] 143k5	74695 155.2	92421 178.5	110149 201.9	127877 225.2	145605 248.5	84943 220.1	93807 231.8	111535 255.1

EPAISSEUR DES PLATES-BANDES = $0^{m}015$.

Côté des Cornières = $0^{m}06$				$0^{m}07$	$0^{m}08$	$0^{m}09$	$0^{m}10$	Suppléments par centimètre en plus	
Epaisseur de l'Ame = $0^{m}01$									
LARGEUR des plates-bandes. HAUTEURS.	= $0^{m}40$	$0^{m}50$	$0^{m}60$	Suppléments pour emploi de ces Cornières au lieu de celles de $0^{m}06$ de côté.				de largeur des plates-bandes.	d'épaisseur de l'âme.
$1^{m}10$	60151 208k5	69763 251.8	79595 255.1	3460 9.4	6686 18.0	10563 28.0	14794 40.0	965.3 2.55	41456 85.2
$1^{m}15$	63546 212k4	73628 235.7	83710 259.0	3528	7045	11155	15607	1008.2	42246 87.1
$1^{m}20$	67013 216k3	77545 239.6	88087 262.9	3497	7404	11706	16404	1055.2	43548 91.0
$1^{m}25$	70528 220k2	81510 243.5	92492 266.8	3665	7763	12279	17242	1098.2	44528 94.9
$1^{m}30$	74087 224k1	85517 247.4	96947 270.7	3834	8123	12852	18020	1145.2	45756 98.8
$1^{m}35$	77708 228k0	89590 251.3	101472 274.6	4002	8482	13425	18829	1188.2	47056 102.7
$1^{m}40$	81370 231k9	93700 255.2	106030 278.5	4171	8842	13998	19659	1235.2	48568 106.6
$1^{m}45$	85091 235k8	97873 259.1	110655 282.4	4340	9202	14572	20449	1278.2	49748 110.5
$1^{m}50$	88851 239k6	102081 262.9	115311 286.2	4509	9562	15146	21259	1325.2	21176 114.4
$1^{m}55$	92667 243k5	106347 266.8	120027 290.1	4678	9925	15720	22069	1368.2	22656 118.3
$1^{m}60$	96534 247k4	110664 270.7	124794 294.0	4847	10284	16295	22880	1415.2	24183 122.2
$1^{m}65$	102451 251k3	115051 274.6	129611 297.9	5016	10645	16870	23694	1458.2	25768 126.0
$1^{m}70$	104416 255k2	119446 278.5	134476 301.8	5185	11006	17445	24505	1505.2	27596 129.9
$1^{m}75$	108433 259k1	123913 282.4	139393 305.7	5354	11367	18020	25314	1548.2	29076 133.8
$1^{m}80$	112500 263k0	128430 286.3	144360 309.6	5524	11728	18595	26126	1595.2	30808 137.7
$1^{m}85$	116517 266k9	132897 290.2	149277 313.5	5693	12089	19170	26935	1638.2	32588 141.6
$1^{m}90$	120783 270k8	137613 294.1	154443 317.4	5862	12450	19746	27751	1685.1	34416 145.5
$1^{m}95$	125000 274k7	142280 298.0	159560 321.3	6031	12811	20322	28563	1728.1	36296 149.5
$2^{m}00$	129263 278k5	146991 301.8	164733 325.1	6201	13172	20898	29576	1775.1	38228 153.2

EPAISSEUR DES PLATES-BANDES = 0m02									
Côté des Cornières = 0m06.									
Epaisseur de l'Ame = 0m005							0m01		
LARGEUR des plates-bandes. = / HAUTEURS.	0m15	0m20	0m30	0m40	0m50	0m60	0m15	0m20	0m30
0m20	3930 84^{k}8	4906 100.4	6858 131.4	8810 162.6	10762 193.7	12714 224.8	4034 91.0	5010 106.6	6962 137.6
0m25	5365 86^{k}7	6638 102.3	9184 133.3	11750 164.5	14276 195.6	16822 226.7	5551 94.9	6824 110.5	9370 141.5
0m30	6853 88^{k}7	8424 104.3	11566 135.3	14708 166.5	17850 197.6	20992 228.7	7147 98.8	8718 114.4	11860 145.4
0m35	8382 90^{k}6	10251 106.2	13989 137.2	17727 168.4	21465 199.5	25203 230.6	8808 102.7	10677 118.3	14415 149.3
0m40	9947 92^{k}5	12115 108.1	16454 139.1	20787 170.3	25123 201.4	29459 232.5	10534 106.5	12699 122.1	17035 153.1
0m45	11543 94^{k}5	14010 110.1	18944 141.1	23878 172.3	28812 203.4	33746 234.5	12309 110.4	14776 126.0	19710 157.0
0m50	13170 96^{k}4	15936 112.0	21468 143.0	27000 174.2	32532 205.3	38064 236.4	14144 114.3	16910 129.9	22442 160.9
0m55	14824 98^{k}4	17890 114.0	24022 145.0	30154 176.2	36286 207.3	42418 238.4	16030 118.2	19096 133.8	25228 164.8
0m60	16506 100^{k}3	19874 115.9	26601 146.9	33331 178.1	40061 209.2	46794 240.3	17970 122.1	21335 137.7	28065 168.7
0m65	18215 102^{k}3	21880 117.9	29210 148.9	36540 180.1	43870 211.2	51200 242.3	19961 126.0	23626 141.6	30956 172.6
0m70	19951 104^{k}2	23916 119.8	31846 150.8	39770 182.0	47706 213.1	55636 244.2	22005 129.9	25970 145.5	33900 176.5
0m75	21715 106^{k}2	25977 121.8	34505 152.8	43035 184.0	51561 215.1	60089 246.2	24099 133.8	28363 149.4	36894 180.4
0m80	23501 108^{k}1	28065 123.7	37193 154.7	46324 185.9	55449 217.0	64577 248.1	26245 137.7	30809 153.3	39937 184.3
0m85	25315 110^{k}1	30179 125.7	39907 156.7	49635 187.9	59363 219.0	69091 250.1	28441 141.6	33305 157.2	43033 188.2
0m90	27154 112^{k}0	32318 127.6	42646 158.6	52974 189.8	63302 220.9	73630 252.0	30688 145.4	35852 161.0	46180 192.0
0m95	29020 113^{k}9	34483 129.5	45409 160.5	56335 191.7	67261 222.8	78187 253.9	32986 149.3	38449 164.9	49375 195.9
1m00	30910 115^{k}9	36673 131.5	48199 162.5	59725 193.7	71251 224.8	82777 255.9	35334 153.2	41097 168.8	52623 199.8
1m05	32826 117^{k}8	38889 133.4	51015 164.4	63141 195.6	75267 226.7	87393 257.8	37732 157.1	43795 172.7	55921 203.7

EPAISSEUR DES PLATES-BANDES = 0m02									
Côté des Cornières = 0m06				**0m07**	**0m08**	**0m09**	**0m10**	Suppléments par centimètre en plus	
Epaisseur de l'Ame = 0m01				Suppléments pour emploi de ces cornières au lieu de celles de 0m06 de côté.					
LARGEUR des plates-bandes. / HAUTEURS.	= 0m40	0m50	0m60					de largeur des plates-bandes.	d'épaisseur de l'âme.
0m20	8914 168k8	10866 199.9	12818 231.0	220 9.4	456 18.0	» 28.0	» 40.0	195.2 3.11	208 12.4
0m25	11916 172k7	14462 203.8	17008 234.9	347	716	1101	1519	254.6	372 16.3
0m30	15002 176k6	18144 207.7	21286 238.8	490	1006	[illegible]	2110	314.1	588 20.2
0m35	18155 180k5	21891 211.6	25629 242.7	656	1519	2046	2819	375.8	852 24.1
0m40	21371 184k5	25707 215.4	30043 246.5	791	1644	[illegible]	[illegible]	435.6	1168 28.0
0m45	24644 188k2	29578 219.3	34512 250.4	948	1978	[illegible]	[illegible]	495.4	[illegible] 31.9
0m50	27974 192k1	33506 223.2	39058 254.3	1108	[illegible]	[illegible]	[illegible]	[illegible]	[illegible] 35.8
0m55	31360 196k0	37492 227.1	43624 258.2	1270	[illegible]	[illegible]	[illegible]	615.2	[illegible] 39.6
0m60	34795 199k9	41525 231.0	48255 262.1	[illegible]	3008	[illegible]	[illegible]	675.1	[illegible] 43.5
0m65	38280 203k8	45616 234.9	52946 266.0	1597	[illegible]	5270	[illegible]	[illegible]	[illegible] 47.4
0m70	41850 207k7	49760 238.8	57690 269.9	1762	[illegible]	[illegible]	8120	[illegible]	[illegible] 51.3
0m75	45449 211k6	53947 242.7	62475 273.8	[illegible]	4068	6387	8909	[illegible]	4772 55.2
0m80	49065 215k5	58195 246.6	67521 277.7	2094	4415	6950	9700	912.8	[illegible] 59.1
0m85	52761 219k4	62489 250.5	72217 281.6	2260	4769	7515	10495	972.8	[illegible] 63.0
0m90	56508 225k2	66850 254.3	77164 285.4	2427	5125	8080	11292	1032.7	7068 66.9
0m95	60301 227k1	71227 258.2	82083 289.3	2594	5481	8647	12092	1092.7	[illegible] 70.8
1m00	64149 231k0	75675 262.1	87201 293.2	2762	5838	9215	12893	1152.6	8848 74.7
1m05	68047 234k9	80173 266.0	92299 297.1	2929	6196	9784	13696	1212.6	9812 78.6

EPAISSEUR DES PLATES-BANDES = 0m02									
Côté des Cornières = 0m06.									
Epaisseur de l'Ame = 0m005							**0m01**		
LARGEUR des plates-bandes. HAUTEURS.	= 0m15	0m20	0m30	0m40	0m50	0m60	0m15	0m20	0m30
1m10	34768 119k8	41151 133.4	53857 166.4	66583 197.6	79309 228.7	92035 259.8	40182 161.0	46545 176 6	59271 207.6
1m15	36734 121k7	43397 137.3	56723 168.3	70049 199.5	83375 230.6	96701 261.7	42680 164 9	49343 180 5	62669 211.5
1m20	38726 123k7	45689 139.3	59615 170.3	73541 201.5	87467 232.6	101595 263.7	45230 168 8	52193 184.4	66119 215.4
1m25	40744 125k6	48007 141.2	62533 172.2	77059 203.4	91585 234.5	106111 265 6	47830 172.7	55093 188 3	69619 219.3
1m30	42786 127k6	50349 143.2	65475 174.2	80601 205.4	95727 236.5	110853 267.6	50480 176.6	58043 192.2	73169 223.2
1m35	44854 129k5	52716 145.1	68440 176.1	84164 207.3	99888 238.4	115612 269.5	53180 180.5	61042 196.1	76766 227.1
1m40	46946 131k4	55108 147.0	71432 178.0	87756 209.2	104080 240.3	120404 271.4	55950 184.3	64092 199.9	80416 230.9
1m45	49064 133k4	57526 149.0	74450 180.0	91374 211 2	108298 242 3	125222 273.4	58730 188.2	67192 203.8	84116 234.8
1m50	51208 133k3	59970 150.9	77494 181.9	95018 213.1	112542 244 2	130066 275 3	61582 192.1	70344 207.7	87868 238.7
1m55	53376 137k3	62458 152.9	80562 183.9	98686 215.1	116810 246.2	134954 277.3	64482 196.0	73544 211 6	91668 242.6
1m60	55569 139k2	64951 154.8	83655 185.8	102579 217.0	121103 248.1	139827 279.2	67433 199.9	76795 215.5	95519 246.5
1m65	57788 141k2	67450 156 8	86774 187.8	106098 219.0	125422 250.1	144746 281.2	70434 203.8	80096 219.4	99420 250.4
1m70	60051 143k1	69093 158.7	89917 189.7	109841 220.9	129765 252.0	149689 283.1	73485 207.7	83447 223.3	103371 254.3
1m75	62299 145k1	72561 160.7	93085 191.7	113609 222.9	134133 254.0	154657 285 1	76585 211.6	86847 227.2	107371 258.2
1m80	64593 147k0	75155 162.6	96279 193.6	117403 224.8	138527 255.9	159651 287.0	79757 215 5	90299 231.1	111423 262.1
1m85	66912 149k0	77774 164 6	99498 195 6	121222 226 8	142946 257.9	164670 289.0	82938 219.4	93800 235.0	115524 266.0
1m90	69257 150k9	80419 166.5	102743 197.5	125067 228.7	147390 259.8	169715 290.9	86191 223.2	97353 238.8	119677 269.8
1m95	71626 152k8	83088 168.4	106012 199.4	128936 230.6	151860 261.7	174784 292.8	89492 227.1	100954 242.7	123878 273.7
2m00	74020 154k8	85782 170.4	109506 201.4	132830 232.6	156354 263.7	179878 294.8	92844 231.0	104606 246.6	128130 277.6

EPAISSEUR DES PLATES-BANDES = 0m02										
Côté des Cornières = 0m06				**0m07**	**0m08**	**0m09**	**0m10**	Suppléments par centimètre en plus	
Epaisseur de l'Ame = 0m01									
LARGEUR des plates-bandes. =	0m40	0m50	0m60	Suppléments pour emploi de ces cornières au lieu de celles de 0m06 de côté.				de largeur des plates-bandes.	d'épaisseur de l'âme.
HAUTEURS									
1m10	71997 238k8	84723 269.9	97449 301.0	3097 9.4	6554 18.0	10554 28.0	14499 40.0	1272.6 3.11	10828 82.4
1m15	75995 242k7	89321 273.8	102647 304.9	3265	6912	10925	15305	1332.6	11892 86.5
1m20	80045 246k6	93971 277.7	107897 308.8	3434	7271	11495	16108	1392.5	14008 90.2
1m25	84145 250.5	98671 281.6	113197 312.7	3602	7630	12067	16915	1452.5	14472 94.1
1m30	88295 254k4	103421 285.5	118547 316.6	3771	7989	12639	17722	1512.5	15588 98.0
1m35	92490 258k3	108214 289.4	123938 320.5	3939	8348	13212	18530	1572.5	16652 101.9
1m40	96740 262k1	113064 293.2	129388 324.3	4108	8708	13785	19338	1632.5	17968 105.8
1m45	101040 266k0	117964 297.1	134888 328.2	4277	9068	14359	20147	1692.4	19532 109.6
1m50	105392 269k9	122916 301.0	140440 332.1	4445	9428	14932	20956	1752.4	20748 113.5
1m55	109792 273k8	127916 304.9	146040 336.0	4614	9789	15506	21765	1812.4	22212 117.4
1m60	114243 277k7	132967 308.8	151691 339.9	4783	10149	16080	22575	1872.4	23728 121.3
1m65	118744 281k6	138068 312.7	157392 343.8	4952	10509	16654	23386	1932.4	25292 125.2
1m70	123295 285k5	143219 316.6	163143 347.7	5121	10869	17229	24197	1992.4	26908 129.1
1m75	127895 289k4	148419 320.5	168943 351.6	5290	11230	17803	25008	2052.4	28572 133.0
1m80	132547 293k3	153671 324.4	174795 355.5	5458	11591	18378	25819	2112.4	30288 136.9
1m85	137248 297k2	158972 328.3	180696 359.4	5627	11952	18955	26651	2172.3	32052 140.8
1m90	142001 301k0	164325 332.1	186649 363.2	5796	12313	19528	27445	2232.3	33868 144.6
1m95	146802 304k9	169726 336.0	192650 367.1	5966	12674	20103	28255	2292.3	35732 148.5
2m00	151654 308k8	175178 339.9	198698 371.0	6136	13035	20679	29068	2352.3	37648 152.4

EPAISSEUR DES PLATES-BANDES = 0m025.

Côté des Cornières = 0m06.

Epaisseur de l'âme =	**0m005**						**0m01**		
LARGEUR des plates-bandes / HAUTEURS	= 0m15	0m20	0m30	0m40	0m50	0m60	0m15	0m20	0m30
0m20	4325 96k0	5481 115.5	7793 154.4	10105 193.3	12417 232.2	14729 271.1	4415 101.9	5569 121.4	7881 160.3
0m25	5951 98k0	7476 117.5	10526 156.4	13576 195.3	16626 234.2	19676 273.1	6115 105.8	7638 125.3	10688 164.2
0m30	7639 99k9	9535 119.4	13327 158.3	17119 197.2	20911 236.1	24703 275.0	7901 109.7	9797 129.2	13589 168.1
0m35	9373 101k9	11641 121.4	16177 160.3	20713 199.2	25249 238.1	29785 277.0	9761 113.6	12029 133.1	16525 172.0
0m40	11146 103k8	13787 123.3	19069 162.2	24351 201.1	29633 240.0	34915 278.9	11684 117.5	14325 137.0	19607 175.9
0m45	12953 105k8	15967 125.3	21995 164.2	28023 203.1	34051 242.0	40079 280.9	13665 121.3	16679 140.8	22707 179.7
0m50	14790 107k7	18178 127.2	24954 166.1	31730 205.0	38506 243.9	45282 282.8	15702 125.2	19090 144.7	25866 183.6
0m55	16658 109k6	20419 129.1	27941 168.0	35463 206.9	42985 245.8	50507 284.7	17796 129.1	21557 148.6	29079 187.5
0m60	18553 111k6	22688 131.1	30958 170.0	39228 208.9	47498 247.8	55768 286.7	19941 133.0	24076 152.5	32346 191.4
0m65	20477 113k5	24987 133.0	34007 171.9	43027 210.8	52047 249.7	61067 288.6	22139 136.9	26649 156.4	35669 195.3
0m70	22427 115k5	27310 135.0	37076 173.9	46842 212.8	56608 251.7	66374 290.6	24389 140.8	29272 160.3	39038 199.2
0m75	24404 117k4	29662 136.9	40178 175.8	50694 214.7	61210 253.6	71726 292.5	26692 144.7	31950 164.2	42466 203.1
0m80	26407 119k4	32040 138.9	43306 177.8	54572 216.7	65838 255.6	77104 294.5	29045 148.6	34678 168.1	45944 207.0
0m85	28437 121k3	34444 140.8	46458 179.7	58472 218.6	70486 257.5	82500 296.4	31449 152.5	37456 172.0	49470 210.9
0m90	30492 123k3	36874 142.8	49638 181.7	62402 220.6	75166 259.5	87930 298.4	33904 156.4	40286 175.9	53050 214.8
0m95	32573 125k2	39330 144.7	52844 183.6	66358 222.5	79872 261.4	93386 300.3	36411 160.2	43168 179.7	56682 218.6
1m00	34680 127k1	41811 146.6	56073 185.5	70335 224.4	84597 263.3	98859 302.2	38970 164.1	46099 183.6	60361 222.5
1m05	36812 129k1	44319 148.6	59333 187.5	74347 226.4	89361 265.3	104375 304.2	41574 168.0	49081 187.5	64095 226.4

EPAISSEUR DES PLATES-BANDES = 0m025.

Côté des Cornières = 0m06 / Epaisseur de l'Ame = 0m01 — LARGEUR des plates-bandes. / HAUTEURS.	= 0m40	0m50	0m60	0m07	0m08	0m09	0m10	Suppléments par centimètre en plus : de largeur des plates-bandes.	d'épaisseur de l'âme.
				Suppléments pour emploi de ces Cornières au lieu de celles de 0m06 de côté.					
0m20	40195 199k2	42503 238.1	44817 277.0	487 9.4	» 18.0	» 28.0	» 40.6	[illegible] 5.89	[illegible] 11.7
0m25	[illegible] 205k1	46788 242.0	49858 280.9	506	650	976	[illegible]	505.0	[illegible] 15.6
0m30	17584 207k0	21175 245.9	24965 284.8	[illegible]	944	[illegible]	[illegible]	[illegible]	[illegible] 19.5
0m35	21101 210k9	25657 249.8	30175 288.7	[illegible]	1228	[illegible]	[illegible]	[illegible]	[illegible] 25.5
0m40	24889 214k8	30171 255.7	35455 292.6	740	[illegible]	[illegible]	[illegible]	[illegible]	[illegible] 27.2
0m45	28735 218k6	34765 257.5	40791 296.4	896	1868	[illegible]	[illegible]	602.8	[illegible] 31.1
0m50	32642 222k5	39418 261.4	46194 300.5	[illegible]	2204	[illegible]	[illegible]	[illegible]	[illegible] 35.0
0m55	36001 226k4	44125 265.5	51645 304.2	[illegible]	[illegible]	[illegible]	[illegible]	[illegible]	[illegible] 38.9
0m60	40616 230k3	48886 269.2	[illegible] 308.1	[illegible]	2890	[illegible]	[illegible]	[illegible]	[illegible] 42.8
0m65	[illegible] 234k2	53709 273.1	[illegible] 312.0	[illegible]	[illegible]	[illegible]	[illegible]	[illegible]	[illegible] 46.7
0m70	48804 238k1	58570 277.0	[illegible] 315.9	1704	[illegible]	5634	[illegible]	[illegible]	[illegible] 50.5
0m75	52982 242k0	63498 280.9	74014 319.8	[illegible]	[illegible]	6492	[illegible]	1054.7	[illegible] 54.4
0m80	57210 245k9	68476 284.8	79742 323.7	2055	4289	[illegible]	[illegible]	[illegible]	[illegible] 58.3
0m85	61484 249k8	73498 288.7	85542 327.6	2201	4645	[illegible]	10214	[illegible]	[illegible] 62.2
0m90	65844 253k7	78578 292.6	91542 331.5	2367	4998	7878	[illegible]	[illegible]	[illegible] 66.1
0m95	70196 257k5	83740 296.4	97224 335.3	2534	5355	8444	[illegible]	[illegible]	7676 69.9
1m00	74623 261k4	88885 300.3	103147 339.2	2701	5709	9011	[illegible]	[illegible]	[illegible] 73.8
1m05	79109 263k3	94123 304.2	109157 343.1	2868	6066	9579	[illegible]	[illegible]	[illegible] 77.7

EPAISSEUR DES PLATES-BANDES = 0^m025									
Côté des Cornières = 0^m06.									
Epaisseur de l'Ame = 0^m005							0^m01		
LARGEUR des plates-bandes. / HAUTEURS.	= 0^m15	0^m20	0^m30	0^m40	0^m50	0^m60	0^m15	0^m20	0^m30
1^m10	38970 131^{k}0	46851 150.5	62613 189.4	78375 228 3	94137 267.2	109899 306.1	44232 171.9	52113 191.4	67875 230.3
1^m15	41153 133^{k}0	49409 152.5	65921 191.4	82433 230 3	98945 269.2	115457 308.1	46941 175 8	55197 195.3	71709 234.2
1^m20	43362 134^{k}9	51992 154.4	69252 195.3	86512 232.2	103772 271.1	121032 310.0	49700 179.7	58330 199.2	75590 238.1
1^m25	45596 136^{k}9	54602 156 4	72614 195.3	90626 234.2	108638 273.1	126650 312.0	52508 183.6	61514 203.1	79528 242.0
1^m30	47855 138^{k}8	57235 158 3	75995 197.2	94755 236.1	113515 275.0	132275 313 9	55367 187.5	64747 207.0	83507 245.9
1^m35	50140 140^{k}8	59800 160.3	79390 199.2	98890 238.1	118590 277.0	137890 315.9	58278 191.4	68028 210.9	87528 249.8
1^m40	52449 142^{k}7	62579 162.2	82839 201.1	103099 240.0	123359 278 9	143619 317.8	61257 193.3	71367 214.8	91627 253.7
1^m45	54784 144^{k}7	65289 164.2	86299 203.1	107309 242 0	128319 280 9	149329 319.8	64246 199.1	74751 218.6	95761 257.5
1^m50	57144 146^{k}6	68025 166.1	89784 205.0	111539 243 9	133297 282 8	155055 321 7	67306 203.0	78185 222.5	99943 261.4
1^m55	59529 148^{k}5	70784 168 0	93294 206 9	115804 245.8	138314 284.7	160824 323.6	70417 206 9	81672 226.4	104182 265.3
1^m60	61939 150^{k}5	73568 170.0	96826 208.9	120084 247 8	143342 286.7	166600 325.6	73577 210.8	85206 230.3	108464 269.2
1^m65	64375 152^{k}4	76380 171.9	100390 210.8	124400 249.7	148410 288.6	172420 327 5	76787 214.7	88792 234 2	112802 273.1
1^m70	66855 154^{k}4	79214 173 9	103972 212 8	128730 251 7	153488 290 6	178246 329.5	80047 218 6	92426 238.1	117184 277.0
1^m75	69322 156^{k}3	82077 175 8	107587 214.7	133097 253.6	158607 292.5	184117 331 4	83360 222.5	96115 242.0	121625 280.9
1^m80	71832 158^{k}3	84960 177.8	111216 216.7	137472 255.6	163728 294.5	189984 333.4	86720 226 4	99848 245.9	126104 284.8
1^m85	74368 160^{k}2	87872 179 7	114880 218 6	141888 257 5	168896 296 4	195904 335.3	90130 230.3	103634 249.8	130642 288.7
1^m90	76929 162^{k}2	90807 181.7	118563 220.6	146319 259.3	174075 298.4	201831 337.3	93591 234.1	107469 253.6	135225 292.5
1^m95	79515 164^{k}1	93769 183.6	122277 222.5	150785 261.4	179293 300 3	207801 339.2	97103 238.0	111357 257.5	139865 296 4
2^m00	82126 166^{k}0	96754 185.5	126010 224.4	155266 263.3	184522 302 2	213778 341.1	100664 241.9	115292 261 4	144548 300.3

EPAISSEUR DES PLATES-BANDES = 0m025.

Côté des Cornières = 0m06				0m07	0m08	0m09	0m10	Suppléments par centimètre en plus	
Epaisseur de l'Ame = 0m01				Suppléments pour emploi de ces Cornières au lieu de celles de 0m06 de côté.				de largeur des plates-bandes.	d'épaisseur de l'âme.
LARGEUR des plates-bandes = / HAUTEURS.	0m40	0m50	0m60						
1m10	83637 269k2	99399 308.1	115161 347.0	5056 9.40	6425 18.0	10147 28.0	14206 40.0	1576.4 3.89	10524 81 6
1m15	88221 273k1	104733 312.0	121245 350.9	5204	6781	10716	15009	1651.1	11576 85.5
1m20	92850 277k0	110110 315.9	127570 354.8	5372	7139	11286	15812	1726.0	12676 89.4
1m25	97538 280k9	115550 319.8	133562 358.7	5540	7498	11857	16618	1801.0	13824 93.3
1m30	102267 284k8	121027 323.7	139787 362.6	5708	7857	12428	17424	1875.9	15024 97.2
1m55	107028 288k7	126528 327.6	146028 366.5	3876	8215	13000	18231	1950.9	16276 101.1
1m40	111887 292k6	132147 331.5	152407 370.4	4045	8574	13572	19038	2025.9	17576 104.9
1m45	116771 296k4	137781 335.3	158791 374.2	4215	8933	14145	19846	2100.9	18924 108.8
1m50	121701 300k3	143459 339.2	165217 378.1	4382	9293	14718	20653	2175.8	20324 112 7
1m55	126692 304k2	149202 343.1	171712 382.0	4554	9653	15292	21465	2250.8	21776 116.6
1m60	131722 308k1	154980 347.0	178238 385.9	4720	10014	15865	22275	2325.8	[illegible] 120.5
1m65	136812 312k0	160832 350.9	184852 389.7	4889	10374	16439	23085	2400.8	24824 124.4
1m70	141942 315k9	166700 354.8	191458 393 6	5058	10734	17013	23895	2475.7	26424 128.3
1m75	147135 319k8	172645 358.7	198155 397.5	5227	11095	17587	24703	2550.7	28076 132.2
1m80	152360 323k7	178616 362.6	204872 401.4	5396	11455	18162	25514	2625.7	29776 136.0
1m85	157650 327k6	184658 366.5	211666 405.3	5565	11815	18736	26326	2770.7	31524 139.9
1m90	162981 331k4	190737 370.3	218493 409.2	5734	12176	19311	27137	2775.7	33324 143.8
1m95	168373 335k3	196881 374.2	225389 413.1	5903	12537	19886	27948	2850.7	35176 147.7
2m00	173804 339k2	203060 378.1	232316 417 0	6072	12898	20461	28760	2925.6	37076 151 6

EPAISSEUR DES PLATES-BANDES = 0m03.									
Côté des Cornières = 0m06.									
Epaisseur de l'Ame =	0m005						0m01		
LARGEUR des plates-bandes = / HAUTEURS.	0m15	0m20	0m30	0m40	0m50	0m60	0m15	0m20	0m30.
0m25	6476 (111.1)	8229 (134.4)	11735 (181.1)	15241 (227.8)	18747 (274.5)	22253 (321.2)	6598 (118.5)	8351 (141.8)	11957 (188.5)
0m30	8359 (113.1)	10555 (136.4)	14947 (183.1)	19339 (229.8)	23731 (276.5)	28123 (323.2)	8591 (122.4)	10787 (145.7)	15179 (192.4)
0m35	10296 (115.0)	12937 (138.3)	18219 (185.0)	23501 (231.7)	28783 (278.4)	34065 (325.1)	10648 (126.3)	13289 (149.6)	18571 (196.3)
0m40	12274 (117.0)	15361 (140.3)	21535 (187.0)	27709 (233.7)	33883 (280.4)	40057 (327.1)	12768 (130.2)	15855 (153.5)	22029 (200.2)
0m45	14289 (118.9)	17823 (142.2)	24891 (188.9)	31959 (235.6)	39027 (282.3)	46095 (329.0)	14951 (134.1)	18485 (157.4)	25553 (204.1)
0m50	16337 (120.9)	20319 (144.2)	28283 (190.9)	36247 (237.6)	44211 (284.3)	52175 (331.0)	17191 (138.0)	21175 (161.3)	29157 (208.0)
0m55	18416 (122.8)	22846 (146.1)	31706 (192.8)	40566 (239.5)	49426 (286.2)	58286 (332.9)	19488 (141.9)	23918 (165.2)	32778 (211.9)
0m60	20524 (124.8)	25402 (148.1)	35158 (194.8)	44914 (241.5)	54670 (288.2)	64426 (334.9)	21838 (145.8)	26716 (169.1)	36472 (215.8)
0m65	22061 (126.7)	27388 (150.0)	38042 (196.7)	48696 (243.4)	59350 (290.1)	70004 (336.8)	24225 (149.7)	29550 (173.0)	40204 (219.7)
0m70	24825 (128.6)	30600 (151.9)	42150 (198.6)	53700 (245.3)	65250 (292.0)	76800 (338.7)	26700 (153.5)	32474 (176.8)	44024 (223.5)
0m75	27016 (130.6)	33240 (153.9)	45688 (200.6)	58136 (247.3)	70584 (294.0)	83032 (340.7)	29208 (157.4)	35436 (180.7)	47880 (227.4)
0m80	29235 (132.5)	35909 (155.8)	49257 (202.5)	62605 (249.2)	75953 (295.9)	89301 (342.6)	31769 (161.3)	38443 (184.6)	51791 (231.3)
0m85	31480 (134.5)	38605 (157.8)	52846 (204.5)	67095 (251.2)	81341 (297.9)	95587 (344.6)	34362 (165.2)	41485 (188.5)	55728 (235.2)
0m90	33750 (136.4)	41322 (159.7)	56466 (206.4)	71610 (253.1)	86754 (299.8)	101898 (346.5)	37044 (169.1)	44616 (192.4)	59760 (239.1)
0m95	36047 (138.4)	44068 (161.7)	60110 (208.4)	76152 (255.1)	92194 (301.8)	108236 (348.5)	39759 (173.0)	47780 (196.3)	63822 (243.0)
1m00	38369 (140.3)	46840 (163.6)	63782 (210.3)	80724 (257.0)	97666 (303.7)	114608 (350.4)	42523 (176.9)	50994 (200.2)	67936 (246.9)
1m05	40717 (142.3)	49637 (165.6)	67477 (212.3)	85317 (259.0)	103157 (305.7)	120997 (352.4)	45339 (180.8)	54259 (204.1)	72099 (250.8)

EPAISSEUR DES PLATES-BANDES = 0m03

Côté des Cornières = 0m06 — Epaisseur de l'Ame = 0m01 — LARGEUR des plates-bandes = / HAUTEURS	0m40	0m50	0m60	0m07	0m08	0m09	0m10	Suppléments par centimètre en plus de largeur des plates-bandes.	Suppléments par centimètre en plus d'épaisseur de l'âme.
				Suppléments pour emploi de ces cornières au lieu de celles de 0m06 de côté.					
0m25	15365 235k2	18869 281.9	22375 328.6	271 9.4	557 18.0	864 28.0	» 40.0	350.6 4.67	244 14.8
0m30	19571 239k1	23065 285.8	28355 332.5	400	826	1278	1756	439.2	464 18.7
0m35	23853 243k0	29135 289.7	34417 336.4	543	1124	1742	2397	528.2	704 22.6
0m40	28203 246k9	34377 293.6	40551 340.3	694	1437	2234	3082	617.4	988 26.5
0m45	32624 250k8	39689 297.5	46757 344.2	845	1762	2745	3795	706.8	1324 30.4
0m50	37101 254k7	45065 301.4	53029 348.1	1002	2094	3270	4527	796.5	1708 34.3
0m55	41658 258k6	50498 305.3	59558 352.0	1161	2452	3804	5276	885.9	2144 38.2
0m60	46228 262k5	55984 309.2	65740 355.9	1322	2775	4345	6046	975.6	2628 42.0
0m65	50858 266k4	61542 313.1	72166 359.8	1484	3148	4892	6805	1065.5	3124 45.9
0m70	55574 270k2	67424 316.9	78674 363.6	1647	3466	5444	7581	1155.3	3778 49.8
0m75	60328 274k1	72776 320.8	85224 367.5	1811	3815	5999	8363	1244.9	4484 53.7
0m80	65159 278k0	78487 324.7	91855 371.4	1976	4166	6557	9143	1334.7	5068 57.6
0m85	69977 281k9	84225 328.6	98469 375.3	2142	4519	7117	9925	1424.6	5764 61.5
0m90	74904 285k8	90048 332.5	105192 379.2	2308	4872	7679	10727	1514.4	6[illegible] 65.4
0m95	79864 289k7	95906 336.4	111948 383.1	2474	5226	8245	11522	1604.3	7424 69.3
1m00	84878 293k6	101820 340.3	118762 387.0	2640	5581	8808	12319	1694.2	8508 73.2
1m05	89939 297k5	107779 344.2	125649 390.9	2807	5938	9374	13118	1784.1	9344 77.0

EPAISSEUR DES PLATES-BANDES = 0m03.									
Côté des Cornières = 0m06.									
Epaisseur de l'Ame =	0m005						0m01		
LARGEUR des plates-bandes = / HAUTEURS.	0m15	0m20	0m30	0m40	0m50	0m60	0m15	0m20	0m30
1m10	45091 144k2	52461 167.5	71201 214 2	89941 260.9	108681 307.6	127421 354.3	48205 184.7	57575 208.0	76315 254.7
1m15	45400 146k1	55510 169.4	74950 216.1	94590 262.8	114230 309.5	133870 356.2	51122 188.6	60942 211.9	80582 258.6
1m20	47915 148k1	58184 171.4	78722 218.1	99260 264.8	119798 311.5	140536 358.2	54089 192.4	64358 215.7	84896 262.4
1m25	50366 150k0	61085 173.3	82525 220.0	103961 266.7	125399 313.4	146830 360.1	57108 196.3	67827 219.6	89265 266.3
1m30	52841 152k0	64009 175.5	86345 222.0	108681 268.7	131017 315 4	153353 362.1	60175 200.2	71543 223.5	93679 270.2
1m35	55342 153k9	66961 177.2	90199 223 9	115437 270.6	136675 317 3	159913 364.0	63294 204.1	74915 227.4	98151 274.1
1m40	57869 155k9	69957 179.2	94073 225 9	118209 272.6	142345 319 3	166481 366 0	66463 208.0	78531 231.3	102667 278.0
1m45	60421 157k8	72939 181.1	97975 227.8	123011 274.5	148047 321.2	173083 367.9	69685 211.9	82201 235.2	107257 281.9
1m50	62997 159k8	75965 183.1	101901 229 8	127837 276 5	153773 323 2	179709 369.9	72951 215.8	85919 239.1	111855 285.8
1m55	65599 161k7	79017 185.0	105853 231.7	132689 278 4	159525 325.1	186361 371.8	76275 219.7	89689 243.0	116525 289.7
1m60	68226 163k7	82093 187.0	109827 233.7	137561 280.4	165295 327.1	193029 373.8	79640 223.6	93507 246.9	121241 293.6
1m65	70879 165k6	85197 188.9	113833 235.6	142469 282.3	171105 329.0	199741 375.7	83061 227.5	97579 250.8	126015 297.5
1m70	73556 167k5	88525 190.8	117857 237.5	147391 284.2	176925 330.9	206459 377.6	86550 231.5	101297 254.6	130851 301.3
1m75	76259 169k5	91476 192.8	121910 239.5	152344 286.2	182778 332.9	213200 379.6	90051 235.2	105268 258.5	135702 305.2
1m80	78986 171k4	94652 194.7	125984 241.4	157516 288.1	188648 334.8	219980 381.5	93620 239.1	109286 262 4	140618 309.1
1m85	81740 173k4	97857 196.7	130091 243.4	162525 290.1	194559 336.8	226793 383.5	97242 243.0	113359 266.3	145593 313.0
1m90	84518 175k3	101084 198.6	134216 245.3	167348 292 0	200480 338.7	233612 385.4	100912 246.9	117478 270.2	150610 316.9
1m95	87321 177k3	104358 200.6	138372 247.3	172406 294.0	206440 340.7	240474 387.4	104633 250 8	121650 274.1	155684 320.8
2m00	90149 179k2	107615 202.5	142547 249.2	177479 295.9	212411 342.6	247333 389.3	108405 254.7	125869 278.0	160801 324.7

EPAISSEUR DES PLATES-BANDES = 0m03

Côté des Cornières = 0m06 — Epaisseur de l'Ame = 0m01 — LARGEUR des plates-bandes / HAUTEURS	= 0m40	0m50	0m60	0m07	0m08	0m09	0m10	Suppléments par centimètre en plus de largeur des plates-bandes.	Suppléments par centimètre en plus d'épaisseur de l'âme.
				Suppléments pour emploi de ces cornières au lieu de celles de 0m06 de côté.					
1m10	95055 301k4	113795 348.1	132555 394.8	2975 9.40	6294 18.0	9942 28.0	13918 40.0	1874.0 46.7	10228 80.9
1m15	100222 305k3	119862 352.0	139502 398.7	3143	6651	10510	14720	1963.9	11264 84.8
1m20	105454 309k1	125972 355.8	146510 402.5	3311	7009	11079	15522	2053.8	12348 88.7
1m25	110703 313k0	132141 359.7	153572 406.4	3478	7366	11649	16326	2143.7	13484 92.6
1m30	116015 316k9	138351 363.6	160687 410.3	3646	7724	12219	17130	2233.6	14668 96.5
1m35	121389 320k8	144627 367.5	167865 414.2	3814	8083	12790	17936	2323.6	15904 100.4
1m40	126803 324k7	150939 371.4	174075 418.1	3983	8442	13361	18742	2413.5	17188 104.3
1m45	132273 328k6	157309 375.3	182345 422.0	4151	8801	13934	19548	2503.5	18524 108.2
1m50	137791 332k5	163727 379.2	189663 425.9	4319	9160	14506	20355	2593.4	19908 112.1
1m55	143364 336k4	170197 383.1	197033 429.8	4488	9519	15079	21164	2683.4	21344 116.0
1m60	148975 340k3	176709 387.0	204445 433.7	4657	9879	15652	21972	2773.4	22833 119.8
1m65	154651 344k2	183287 390.9	211923 437.6	4825	10238	16226	22781	2863.3	24364 123.7
1m70	160365 348k0	189899 394.7	219433 441.4	4994	10598	16799	23591	2953.3	25948 127.6
1m75	166136 351k9	196570 398.6	226992 445.3	5163	10958	17372	24401	3043.2	27584 131.5
1m80	171950 355k8	203282 402.5	234614 449.2	5332	11319	17946	25211	3133.2	29268 135.4
1m85	177827 359k7	210061 406.4	242295 453.1	5501	11679	18520	26021	3223.2	31004 139.3
1m90	183742 363k6	216874 410.3	250006 457.0	5670	12039	19095	26832	3313.1	32788 143.2
1m95	189718 367k5	223752 414.2	257786 460.9	5839	12400	19669	27642	3403.1	34624 147.1
2m00	195733 371k4	230665 418.1	265587 464.8	6008	12761	20244	28453	3493.1	36508 150.9

EPAISSEUR DES PLATES-BANDES = 0m035

Côté des Cornières = 0m06.

	Epaisseur de l'Ame = 0m005						0m01		
LARGEUR des plates-bandes. / HAUTEURS.	= 0m15	0m20	0m30	0m40	0m50	0m60	0m15	0m20	0m30
0m25	6944 125k4	8905 150.6	12824 205.1	16744 259 6	20664 314.0	24584 368.5	7048 130.4	9008 157.6	12928 212 1
0m30	9018 125k5	11490 152.5	16454 207.0	21578 261.5	26522 315.9	31266 370.4	9220 134 3	11692 161.5	16636 216.0
0m35	11159 127k3	14128 154.5	20106 209.0	26084 263.5	32062 317.9	38040 372.4	11455 138 2	14444 165.4	20422 219.9
0m40	13528 129k2	16859 156.4	23855 210.9	30868 265.4	37884 319.8	44900 374.3	13782 142.1	17290 169.3	24306 223.8
0m45	15552 131k2	19590 158.4	27656 212.9	35692 267.4	43748 321.8	51804 376.3	16166 145.9	20194 173.1	28250 227.6
0m50	17844 133k1	22559 160.3	31455 214.8	40551 269.3	49647 323 7	58745 378.2	18609 149.8	23157 177.0	32253 231.3
0m55	20101 135k1	25172 162.3	35314 216 8	45456 271.3	55598 325.7	65740 380.2	21109 153.7	26180 180.9	36322 235.4
0m60	22420 137k0	28015 164.2	39199 218.7	50385 273 2	64571 327.6	72757 382.1	22662 157.6	29255 184.8	40441 239.3
0m65	24767 138k9	30878 166.1	43100 220.6	55300 275 1	67544 329 3	79766 384.0	26269 161.5	32380 188.7	44602 243.2
0m70	27147 140k9	33787 168.1	47067 222 6	60347 277.1	73627 331.5	86907 386.0	28055 165.4	35575 192 6	48855 247.1
0m75	29552 142k8	36715 170.0	51041 224.5	65367 279 0	79693 333 4	94019 387.9	31650 169.3	38813 196.5	53139 251.0
0m80	31934 144k8	39670 172 0	55042 226.5	70414 281.0	85786 333.4	101158 389 9	34418 173.2	42104 200 4	57476 254.9
0m85	34444 146k7	42654 173.9	59074 228 4	75494 282 9	94914 337.3	108554 391.8	37255 177.1	45445 204.3	61865 258.8
0m90	36929 148k7	45664 175.9	63134 230.4	80604 284.9	98074 339.3	115544 395 8	40107 181.0	48842 208.2	66312 262.7
0m95	39459 150k6	48698 177.8	67216 232.3	85754 286.8	104252 341.2	122770 395.7	43025 184.8	52284 212.0	70802 266.5
1m00	41980 152k6	51765 179 8	71329 234 3	90895 288 8	110461 343.2	130027 397.7	46002 188.7	55785 215.9	75351 270.4
1m05	44541 154k5	54847 181.7	75450 236.2	96071 290.7	116685 345.1	137295 399.6	49025 192.6	59329 219.8	79952 274.3

EPAISSEUR DES PLATES-BANDES = 0m035

Côté des Cornières = 0m06 / Epaisseur de l'Ame = 0m01 / LARGEUR des plates-bandes / HAUTEURS	= 0m40	0m50	0m60	0m07	0m08	0m09	0m10	Suppléments par centimètre en plus : de largeur des plates-bandes.	Suppléments par centimètre en plus : d'épaisseur de l'âme.
				Suppléments pour emploi de ces cornières au lieu de celles de 0m06 de côté.					
0m25	16848 266k6	20768 521.0	24088 575.5	256 9.40	487 18.0	755 28.0	» 40.0	591.7 5.45	208 14.0
0m30	21580 270k5	[illegible] 524.9	31408 579.4	[illegible]	744	[illegible]	[illegible]	494.4	404 17.9
0m35	26400 274k4	32578 528.8	38556 583.5	487	1052	1600	2201	[illegible]	[illegible] 21.8
0m40	31522 278k5	[illegible] 532.7	[illegible] 587.2	645	[illegible]	2080	[illegible]	701.6	908 25.7
0m45	36306 282k1	44762 536.5	52418 591.0	796	[illegible]	[illegible]	[illegible]	[illegible]	[illegible] 29.6
0m50	41549 286k0	50445 540.4	[illegible] 594.9	[illegible]	[illegible]	3100	[illegible]	[illegible]	1596 [illegible]
0m55	46464 289k9	[illegible] 544.5	[illegible] 598.8	[illegible]	[illegible]	[illegible]	[illegible]	[illegible]	[illegible] 37.4
0m60	51627 [illegible]	[illegible] 548.2	[illegible] 402.7	[illegible]	[illegible]	[illegible]	[illegible]	[illegible]	[illegible] 41.3
0m65	[illegible] 297k7	[illegible] 552.1	[illegible] 406.6	[illegible]	[illegible]	[illegible]	[illegible]	[illegible]	[illegible] 45.2
0m70	[illegible] 301k6	[illegible] 556.0	[illegible] 410.5	[illegible]	[illegible]	[illegible]	[illegible]	[illegible]	[illegible] 49.1
0m75	[illegible] 305k5	[illegible] 559.9	[illegible] 414.4	[illegible]	[illegible]	[illegible]	[illegible]	[illegible]	[illegible] 53.0
0m80	[illegible] 309k4	[illegible] 563.8	[illegible] 418.3	[illegible]	[illegible]	[illegible]	[illegible]	[illegible]	[illegible] 56.9
0m85	[illegible] 313k3	94705 567.7	[illegible] 422.2	[illegible]	[illegible]	[illegible]	[illegible]	1642.0	[illegible] 60.8
0m90	[illegible] 317k2	101252 571.6	[illegible] 426.1	[illegible]	[illegible]	[illegible]	[illegible]	[illegible]	[illegible] 64.7
0m95	[illegible] 321k0	[illegible] 575.4	[illegible] 429.9	2415	[illegible]	[illegible]	[illegible]	[illegible]	[illegible] 68.6
1m00	94917 324k9	114485 579.3	134049 433.8	2582	5455	8608	[illegible]	[illegible]	[illegible] 72.5
1m05	100553 328k8	[illegible] 583.2	141777 437.7	2748	5810	9175	[illegible]	2061.5	8964 76.4

EPAISSEUR DES PLATES-BANDES = $0^{m}035$.

Côté des Cornières = $0^{m}06$.

Epaisseur de l'Ame =	$0^{m}005$						$0^{m}01$		
LARGEUR des plates-bandes / HAUTEURS.	= $0^{m}15$	$0^{m}20$	$0^{m}30$	$0^{m}40$	$0^{m}50$	$0^{m}60$	$0^{m}15$	$0^{m}20$	$0^{m}30$
$1^{m}10$	47135 $156^{k}4$	57965 183.6	79644 238.1	101285 292.6	122943 347.0	144603 401.5	52104 196.5	62951 223.7	84609 278.2
$1^{m}15$	49740 $158^{k}4$	61099 185.6	85796 240.1	106511 294.6	129217 349.0	151923 403.5	55224 200.4	66577 227.6	89274 282.1
$1^{m}20$	52590 $160^{k}3$	64268 187.3	88024 242.0	111780 296.5	135536 350.9	159292 405.4	58402 204.3	70280 231.3	94036 286.0
$1^{m}25$	55054 $162^{k}3$	67457 189.3	92263 244.0	117069 298.5	141875 352.9	166681 407.4	61626 208.2	74029 235.4	98835 289.9
$1^{m}30$	57749 $164^{k}2$	70676 191.4	96530 245.9	122384 300.4	148238 354.8	174092 409.3	64907 212.1	77834 239.3	103688 295.8
$1^{m}35$	60464 $166^{k}2$	73947 193.4	101825 247.9	127720 302.4	154655 356.8	181541 411.3	68232 215.9	81685 243.1	108591 297.6
$1^{m}40$	63209 $168^{k}1$	77186 195.3	105140 249.8	133094 304.3	161048 358.7	189002 413.2	71714 219.8	85588 247.0	113542 301.5
$1^{m}45$	65975 $170^{k}1$	80478 197.3	109484 251.8	138490 306.3	167496 360.7	196502 415.2	75057 223.7	89540 250.9	118546 305.4
$1^{m}50$	68774 $172^{k}0$	85707 199.2	115849 253.7	145904 308.2	175955 362.6	204005 417.1	78519 227.6	93545 254.8	125597 309.3
$1^{m}55$	71588 $174^{k}0$	87144 201.2	118247 255.7	149555 310.2	180459 364.6	211565 419.1	82046 231.5	97599 258.7	128705 313.2
$1^{m}60$	74454 $175^{k}9$	90540 203.1	122662 257.6	154814 312.1	186966 366.5	219118 421.0	85626 235.5	101702 262.6	155854 317.1
$1^{m}65$	77305 $177^{k}8$	95906 205.0	127108 259.5	160310 314.0	193512 368.4	226714 422.9	89257 239.2	105858 266.5	159060 321.0
$1^{m}70$	80200 $179^{k}8$	97525 207.0	131575 261.5	165855 316.0	200075 370.4	234525 424.9	92258 243.1	110065 270.4	144315 324.9
$1^{m}75$	85120 $181^{k}7$	100770 208.9	136070 263.4	171370 317.9	206670 372.3	241970 426.8	96668 247.0	114548 274.3	149618 328.8
$1^{m}80$	86065 $183^{k}7$	104240 210.9	140590 265.4	176940 319.9	213290 374.3	249640 428.8	100447 250.9	118622 278.2	154972 332.7
$1^{m}85$	89035 $185^{k}6$	107735 212.8	145135 267.3	182535 321.8	219935 376.2	257235 430.7	104277 254.8	122977 282.0	160377 336.5
$1^{m}90$	92050 $187^{k}6$	111254 214.8	149702 269.3	188140 323.8	226600 378.2	265046 432.7	108158 258.7	127382 285.9	165830 340.4
$1^{m}95$	95049 $189^{k}5$	114798 216.7	154296 271.2	193794 325.7	233292 380.1	272790 434.6	112087 262.6	131836 289.8	171334 344.3
$2^{m}00$	98090 $191^{k}5$	118564 218.7	158912 273.2	199460 327.7	240008 382.1	280556 436.6	116062 266.5	136336 293.7	176884 348.2

EPAISSEUR DES PLATES-BANDES = 0m035

Côté des Cornières = 0m06 — Epaisseur de l'Ame = 0m01

LARGEUR des plates-bandes. / HAUTEURS	= 0m40	0m50	0m60	0m07	0m08	0m09	0m10	Suppléments par centimètre en plus de largeur des plates-bandes.	Suppléments par centimètre en plus d'épaisseur de l'âme
				Suppléments pour emploi de ces cornières au lieu de celles de 0m06 de côté.					
1m10	106251 532k7	127944 387.1	140571 441.6	2915 9.40	6166 18.0	9738 28.0	[illegible] 40.0	2166.1 5.45	9956 80.5
1m15	111989 536k6	134696 391.0	147401 445.5	3082	6519	10306	14435	2271.0	[illegible] 84.2
1m20	117792 540k3	141578 394.9	[illegible] 449.4	3250	6879	10874	15234	2375.9	[illegible] 88.1
1m25	123641 544k4	148447 398.8	[illegible] 453.3	3417	7236	11445	16036	2480.7	[illegible] 91.9
1m30	129542 548k3	155396 402.7	181250 457.2	3585	7595	12014	[illegible]	2585.6	[illegible] 95.8
1m35	135497 552k1	162405 406.3	189509 461.0	3755	7952	[illegible]	[illegible]	2690.5	[illegible] 99.7
1m40	141496 556k0	169450 410.4	197404 464.9	3921	8310	[illegible]	18448	[illegible]	[illegible] 103.6
1m45	147552 559k9	176558 414.3	205364 468.8	4089	8669	13725	19255	2900.4	[illegible] 107.5
1m50	153640 563k8	183801 418.2	213735 472.7	4257	9028	14296	20049	3005.3	[illegible] 111.4
1m55	159844 567k7	190947 422.1	222025 476.6	4425	9387	14868	20866	3110.2	[illegible] 115.3
1m60	166006 571k6	198158 426.0	230540 480.5	4594	9746	15440	21674	3215.1	[illegible] 119.2
1m65	172262 575k5	205464 429.9	238666 484.4	4763	10105	16013	22482	3320.1	[illegible] 123.1
1m70	178573 579k4	212813 433.8	247065 488.2	4934	10465	16586	23291	3425.0	[illegible] 126.9
1m75	184918 583k3	220218 437.7	255518 492.1	5099	10825	17159	24100	3529.9	[illegible] 130.8
1m80	191322 587k2	227672 441.6	264022 496.0	5268	11185	17732	24909	3634.9	[illegible] 134.7
1m85	197777 591k0	235177 445.4	272597 499.9	5437	11546	18306	25719	3739.9	[illegible] 138.6
1m90	204268 594k9	242728 449.3	281174 503.8	5606	11906	18880	26529	3844.8	32256 142.5
1m95	210832 598k8	250330 453.2	289828 507.7	5775	12266	19454	27339	3949.8	34076 146.4
2m00	217432 402k7	257980 457.1	298528 511.6	5944	12626	20028	28150	4054.7	35944 150.2

EPAISSEUR DES PLATES-BANDES = 0m04									
Côté des Cornières = 0m06.									
Epaisseur de l'Ame = 0m005							**0m01**		
LARGEUR des plates-bandes. / HAUTEURS.	= 0m15	0m20	0m30	0m40	0m50	0m60	0m15	0m20	0m30
0m25	7358 134k7	9501 165.8	13787 228.1	18069 290.3	22550 352.5	26646 414.8	7446 141.3	9589 172.4	13875 234.7
0m30	9646 136k6	12344 167.7	17791 230.0	23241 292.2	28094 354.4	34141 416.7	9794 145.2	12549 176.3	17969 238.6
0m35	11945 138k6	15246 169.7	21852 232.0	28458 294.2	35064 356.4	41670 418.7	12227 149.1	15550 180.2	22156 242.5
0m40	14326 140k5	18227 171.6	26029 233.9	33834 296.1	41635 358.3	49435 420.6	14738 152.9	18639 184.0	26441 246.3
0m45	16752 142k4	21247 173.5	30257 235.8	39227 298.0	48217 360.2	57207 422.5	17346 156.8	21811 187.9	30801 250.2
0m50	19216 144k4	24306 175.5	34486 237.8	44666 300.0	54846 362.2	65026 424.5	19960 160.7	25050 191.8	35250 254.1
0m55	21714 146k3	27400 177.4	38772 239.7	50144 301.9	61516 364.1	72888 426.4	22656 164.6	28342 195.7	39714 258.0
0m60	24244 148k3	30526 179.4	43090 241.7	55654 303.9	68218 366.1	80782 428.4	25416 168.5	31698 199.6	44262 261.9
0m65	26804 150k2	33685 181.3	47441 243.6	61199 305.8	74937 368.0	88745 430.3	28228 172.4	35107 203.5	48805 265.8
0m70	29393 152k2	36869 183.3	51821 245.6	66775 307.8	81725 370.0	96677 432.3	31095 176.3	38571 207.4	53525 269.7
0m75	32014 154k1	40085 185.2	56253 247.5	72384 309.7	88529 371.9	104677 434.2	34015 180.2	42089 211.3	58237 273.6
0m80	34657 156k1	43329 187.2	60675 249.5	78017 311.7	95361 373.9	112705 436.2	36994 184.1	45665 215.2	63007 277.5
0m85	37350 158k0	46600 189.1	65140 251.4	83680 313.6	102220 375.8	120760 438.1	40016 188.0	49286 219.1	67826 281.4
0m90	40050 159k9	49898 191.0	69654 253.3	89370 315.5	109106 377.7	128842 440.0	43094 191.8	52962 222.9	72698 285.2
0m95	42756 161k9	53222 193.0	74154 255.3	95086 317.5	116018 379.7	136950 442.0	46222 195.7	56688 226.8	77620 289.1
1m00	45509 163k8	56575 194.9	78704 257.2	100834 319.4	122964 381.6	145094 443.9	49403 199.6	60458 230.7	82598 293.0
1m05	48288 165k8	59951 196.9	83277 259.2	106603 321.4	129929 383.6	153255 445.9	52634 203.5	64297 234.6	87623 296.9
1m10	51093 167k7	63355 198.8	87879 261.1	112405 323.3	136927 385.5	161454 447.8	55917 207.4	68179 238.5	92703 300.8

EPAISSEUR DES PLATES-BANDES = 0m04.

Côté des Cornières = 0m06 / Epaisseur de l'Ame = 0m01 / LARGEUR des plates-bandes / HAUTEURS	= 0m40	0m50	0m60	0m07	0m08	0m09	0m10	Suppléments par centimètre en plus : de largeur des plates-bandes.	Suppléments par centimètre en plus : d'épaisseur de l'âme.
				Suppléments pour emploi de ces Cornières au lieu de celles de 0m06 de côté.					
0m25	18461 296k9	22447 359.1	26754 421.4	104 9.40	435 18.0	. 28.0	. 40.0	438.5 6.22	176 15.2
0m30	25419 300k8	28869 363.0	34549 425.5	322	666	1050	1447	545.4	356 17.1
0m35	28742 304k7	35348 366.9	41954 429.2	457	974	1465	2014	662.6	568 21.0
0m40	34245 308k5	42045 370.7	49847 433.0	599	1245	[illegible]	[illegible]	780.[illegible]	[illegible] 24.9
0m45	39794 312k4	48781 374.6	57774 436.9	748	1558	[illegible]	[illegible]	[illegible]	[illegible] 28.8
0m50	45410 316k3	55590 378.5	65770 440.8	904	[illegible]	[illegible]	[illegible]	[illegible]	[illegible] 32.7
0m55	[illegible] 320k2	[illegible] 382.4	[illegible] 444.7	[illegible]	[illegible]	[illegible]	[illegible]	[illegible]	[illegible] 36.5
0m60	[illegible] 324k1	[illegible] 386.3	[illegible] 448.6	[illegible]	[illegible]	[illegible]	[illegible]	[illegible]	[illegible] 40.4
0m65	[illegible] 328k0	[illegible] 390.2	[illegible] 452.5	[illegible]	[illegible]	[illegible]	[illegible]	[illegible]	[illegible] 44.3
0m70	68475 331k9	83427 394.1	[illegible] 456.4	[illegible]	[illegible]	5074	[illegible]	[illegible]	[illegible] 48.2
0m75	[illegible] 335k8	90515 398.0	106624 460.5	[illegible]	5577	5625	[illegible]	[illegible]	[illegible] 52.1
0m80	80554 339k7	97695 401.9	[illegible] 464.2	[illegible]	5025	6175	8642	1754.4	[illegible] 56.0
0m85	86566 343k6	104906 405.8	123346 468.1	2027	4274	6750	[illegible]	1854.0	[illegible] 59.9
0m90	92454 347k4	112170 409.6	131906 471.9	2192	4025	7288	10479	1975.7	[illegible] 63.8
0m95	98552 351k3	119484 413.5	140446 475.8	2357	4978	7648	10968	[illegible]	[illegible] 67.7
1m00	104728 355k2	126858 417.4	148988 479.7	2525	5551	8410	11700	[illegible]	[illegible] 71.6
1m05	110940 359k1	134275 421.3	157601 483.6	2689	5685	8075	12555	[illegible]	8692 75.5
1m10	117227 363k0	141811 425.2	166275 487.5	2856	6040	9558	13350	2452.7	9642 79.4

EPAISSEUR DES PLATES-BANDES = $0^{m}04$									
Côté des Cornières = $0^{m}06$.									
	Epaisseur de l'Ame = $0^{m}005$						$0^{m}01$		
LARGEUR des plates-bandes. / HAUTEURS.	= $0^{m}15$	$0^{m}20$	$0^{m}30$	$0^{m}40$	$0^{m}50$	$0^{m}60$	$0^{m}15$	$0^{m}20$	$0^{m}30$
$1^{m}15$	53924 169^{k}7	66785 200.8	92507 263.1	118220 325.3	145951 387 5	169673 449.8	59250 211.3	72111 242 4	97853 304.7
$1^{m}20$	56780 171^{k}6	70240 202.7	97160 265 0	124080 327.2	151000 389.4	177920 451.7	62654 215 2	75894 246.3	103014 308.6
$1^{m}25$	59605 173^{k}6	73725 204.7	101844 267.0	129966 329.2	158088 391.4	186209 453.7	66069 219 1	80129 250.2	108250 312.5
$1^{m}30$	62570 175^{k}5	77228 206.6	106544 268.9	135860 331.1	165176 393.3	194492 455.6	69554 223.0	84212 254.1	113528 316 4
$1^{m}35$	65504 177^{k}5	80764 208 6	111275 270.9	141789 333.1	172305 395.3	202817 457.6	73190 226 9	88347 258.0	118861 320.3
$1^{m}40$	68465 179^{k}4	84320 210 5	116034 272 8	147748 335.0	179462 397.2	211176 459.5	76677 230.7	92534 261.8	124242 324.1
$1^{m}45$	71447 181^{k}3	87903 212 4	120815 274.7	153727 336 9	186650 399.1	219551 461.4	80515 234.6	96769 265.7	129681 328.0
$1^{m}50$	74457 183^{k}3	91515 214 4	125625 276 7	159757 338 9	193849 401.1	227961 463.4	84001 238.5	101057 269.6	135169 331.9
$1^{m}55$	77492 185^{k}2	95147 216.3	130457 278.6	165767 340.8	201077 403.0	236387 465.3	87758 242.4	105393 273.5	140703 335.8
$1^{m}60$	80535 187^{k}2	98808 218 3	135318 280.6	171828 342.8	208338 405.0	244848 467.3	91627 246 3	109782 277.4	146292 339.7
$1^{m}65$	83659 189^{k}1	102494 220.2	140204 282.5	177914 344.7	215624 406.9	253334 469.2	95365 250.2	114220 281.3	151950 343 6
$1^{m}70$	86749 191^{k}1	106205 222 2	145111 284.5	184019 346.7	222927 408.9	261835 471.2	99253 254.1	118707 285.2	157615 347.5
$1^{m}75$	89886 193^{k}0	109940 224.1	150048 286.4	190156 348.6	230264 410 8	270372 473.1	103192 258 0	123246 289.1	163554 351 4
$1^{m}80$	93047 195^{k}0	113701 226 1	155009 288.4	196317 350 6	237625 412 8	278933 475.1	107181 261 9	127835 293.0	169143 355.3
$1^{m}85$	96254 196^{k}9	117488 228 0	159996 290.3	202504 352.5	245012 414.7	287520 477.0	111220 265 8	132474 296 9	174982 359.2
$1^{m}90$	99446 198^{k}8	121299 229.9	165005 292.2	208711 354.4	252417 416.6	296123 478.9	115310 269.6	137163 300.7	180869 363.0
$1^{m}95$	102683 200^{k}8	125136 231.9	170042 294.2	214948 356.4	259854 418.6	304760 480.9	119449 273.5	141902 304.6	186808 366 9
$2^{m}00$	105945 202^{k}7	128998 233.8	175104 296.1	221210 358.3	267316 420.5	313422 482.8	123639 277.4	146692 308 5	192798 370.8

EPAISSEUR DES PLATES-BANDES = 0m04.

Côté des Cornières = 0m06 / Épaisseur de l'Âme = 0m01				0m07	0m08	0m09	0m10	Suppléments par centimètre en plus	
LARGEUR des plates-bandes. / HAUTEURS.	= 0m40	0m50	0m60	Suppléments pour emploi de ces Cornières au lieu de celles de 0m06 de côté.				de largeur des plates-bandes.	d'épaisseur de l'âme.
1m15	123555 366^{k}9	149277 429.1	174999 491.4	5023 9.40	6595 18.0	10104 28 0	14148 40.0	2572.5 6.22	10652 83.2
1m20	129934 370^{k}8	156854 433.0	183774 495.3	5190	6751	10674	14947	2692.5	11708 87.1
1m25	136572 374^{k}7	164494 436 9	192615 499.2	5357	7108	11259	15748	2812.1	12842 91.0
1m30	142844 378^{k}6	172160 440.8	201476 503.1	5524	7466	11807	16548	2934.9	13968 94.9
1m35	149375 382^{k}5	179889 444.7	210403 507.0	3692	7823	12376	17352	3051.8	[illegible] 98 8
1m40	155962 386^{k}5	187676 448 5	219490 510.8	3860	8180	12946	18155	3171.7	[illegible] 102.7
1m45	162503 390^{k}2	195505 452 4	228417 514.7	4027	8538	13546	18945	3291.5	17752 106.6
1m50	169281 394^{k}1	203393 456 3	237505 518.6	4195	8897	14087	19765	3411.4	19058 110.5
1m55	176015 398^{k}0	211525 460.2	246035 522.5	4363	9255	14658	20570	3531.3	20492 114.4
1m60	182802 401^{k}9	219312 464,1	255822 526.4	4532	9614	15250	21377	3651.2	21948 118 3
1m65	189640 405^{k}8	227350 468 0	265060 530.3	4700	9975	15802	22184	3771.4	[illegible] 122 2
1m70	196525 409^{k}.	235431 471.9	274339 534.1	4869	10332	16375	22992	3891.0	[illegible] 126.0
1m75	203462 413^{k}6	243570 475.8	283678 538.1	5037	10691	16947	23804	4011.0	26[illegible] 129 9
1m80	210451 417^{k}5	251759 479.7	293067 542.0	5205	11051	17520	24610	4130.9	[illegible] 133.8
1m85	217490 421^{k}4	259998 483.6	302506 545.9	5374	11410	18093	25419	4250.8	29972 137.7
1m90	224575 425^{k}2	268281 487 4	311987 549.7	5543	11770	18667	26228	4370.7	31728 141.6
1m95	231714 429^{k}1	276620 491 3	321526 553.6	5712	12150	19240	27038	4490 6	33552 145.5
2m00	238904 433^{k}0	285010 495.2	331116 557.5	5881	12494	19814	27848	4610.6	[illegible] 149.3

EPAISSEUR DES PLATES-BANDES = 0m045.

Côté des Cornières = 0m06.

Epaisseur de l'Ame =	0m005						0m01		
LARGEUR des plates-bandes = / HAUTEURS.	0m15	0m20	0m30	0m40	0m50	0m60	0m15	0m20	0m30
0m25	7743 145k9	10019 180.9	14651 250 9	19243 320 9	23855 391.0	28467 461.0	7785 152.2	10101 187.2	14712 257.2
0m30	10159 147k9	13115 182.9	19027 252.9	24959 322.9	30851 393 0	36763 463.0	10315 156.1	13269 191.1	19181 261.1
0m35	12676 149k8	16292 184.8	23524 254.8	30756 324.8	37988 394 9	45220 464 9	12928 159.9	16544 194.9	23776 264.9
0m40	15257 151k8	19553 186.8	28085 256.8	36657 326.8	45189 396 9	55741 466 9	15654 165.8	19907 198.8	28459 268 8
0m45	17883 153k7	22825 188.7	32709 258.7	42595 328.7	52477 398 8	62561 468.8	18403 167.7	23345 202.7	33229 272.7
0m50	20552 155k7	26160 190.7	37376 260 7	48592 330.7	59808 400 8	71024 470 8	21240 171.6	26848 206.6	38064 276.6
0m55	[illegible] 157k6	[illegible] 192.6	[illegible] 262 6	54641 332.6	67495 402 7	79740 472 7	24140 175.5	30417 210.5	42971 280.5
0m60	[illegible] 159k6	[illegible] 194.6	[illegible] 264 6	60725 334.6	74617 404 7	88560 474 7	27099 179.4	34045 214.4	47957 284.4
0m65	[illegible] 161k5	[illegible] 196.5	54616 266 5	66850 336 5	82084 406.6	97513 476.6	30115 183.5	37732 218.5	52066 288.5
0m70	31566 163k5	[illegible] 198.5	56427 268.5	73004 338.5	89575 408 5	106149 478.5	33180 187.2	[illegible] 222.2	58047 292.2
0m75	34596 165k4	45535 200.4	61275 270.4	79491 340 4	97109 410.5	115027 480.5	36542 191.1	45271 226.1	63189 296.1
0m80	37255 167k5	40885 202.5	66145 272 5	85405 342 5	104665 412.4	125025 482.4	40581 195.0	49214 230.0	68474 300.0
0m85	40440 169k5	50445 204.5	71040 274 5	91655 344.5	112264 414.4	132867 484.4	42722 198.8	55025 233.8	75651 303.8
0m90	45055 171k2	54050 206.2	75080 276 2	97050 346.2	119880 416.5	141850 486.5	46007 202.7	56982 237.7	78952 307.7
0m95	45995 173k2	57615 208.2	80959 278.2	104255 348.2	127554 418 5	150827 488.5	49545 206.6	60094 241 6	84287 311.6
1m00	48965 175k1	61284 210.1	85026 280 1	110568 350.1	135210 420 2	159852 490.2	52751 210.5	65052 245.5	89694 315.5
1m05	51956 177k1	64954 212.1	90944 282.1	116954 352 1	142921 422 2	168914 492.2	56170 214.4	69165 249.4	95155 319.4
1m10	54976 179k0	68044 214.0	95050 284.0	123516 354.0	150652 424.1	177988 494.1	59660 218 5	75528 253.5	100664 323.5

EPAISSEUR DES PLATES-BANDES = 0m045.

Côté des Cornières = 0m06 / Epaisseur de l'Ame = 0m005 / LARGEUR des plates-bandes. — HAUTEURS.	= 0m40	0m50	0m60	0m07	0m08	0m09	0m10	Suppléments par centimètre en plus : de largeur des plates-bandes.	d'épaisseur de l'Ame
				Suppléments pour emploi de ces Cornières au lieu de celles de 0m06 de côté.					
0m25	[illegible] $327^{k}2$	[illegible] 397.3	[illegible] 467.3	[illegible] 9.4	[illegible] 18.9	[illegible] 28.0	[illegible] 40.0	[illegible]	[illegible] 12.4
0m30	25095 $331^{k}1$	31005 401.2	36917 471.2	[illegible]	[illegible]	[illegible]	[illegible]	[illegible]	[illegible] 16.3
0m35	31005 $334^{k}9$	[illegible] 405.0	[illegible] 475.0	[illegible]	[illegible]	[illegible]	[illegible]	[illegible]	[illegible] 20.2
0m40	37014 $338^{k}8$	45565 408.9	[illegible] 478.9	[illegible]	[illegible]	[illegible]	[illegible]	[illegible]	[illegible] 24.1
0m45	43115 $342^{k}7$	[illegible] 412.8	62884 482.8	702	[illegible]	[illegible]	[illegible]	[illegible]	[illegible] 28.0
0m50	49280 $346^{k}6$	60495 416.7	[illegible] 486.7	[illegible]	[illegible]	[illegible]	[illegible]	[illegible]	[illegible] 31.9
0m55	55525 $350^{k}5$	68079 420.6	80655 490.6	[illegible]	[illegible]	[illegible]	[illegible]	[illegible]	[illegible] 35.8
0m60	61829 $354^{k}4$	75724 424.5	89615 494.5	1164	2440	[illegible]	[illegible]	[illegible]	[illegible] 39.6
0m65	68200 $358^{k}3$	84434 428.4	98668 498.4	1325	2777	[illegible]	[illegible]	[illegible]	[illegible] 43.5
0m70	74621 $362^{k}2$	91195 432.3	107769 502.3	1485	3117	4895	[illegible]	[illegible]	[illegible] 47.4
0m75	81107 $366^{k}1$	99025 436.2	116943 506.2	1644	3461	5458	7578	1791.7	[illegible] 51.3
0m80	87751 $370^{k}0$	106951 440.1	126254 510.1	1807	3807	[illegible]	[illegible]	1926.4	4472 55.2
0m85	94257 $373^{k}8$	114843 443.9	135449 513.9	1970	4155	6544	[illegible]	2060.6	5164 59.1
0m90	100882 $377^{k}7$	122852 447.8	144782 517.8	2135	4504	7097	[illegible]	2195.4	5904 63.0
0m95	107583 $381^{k}6$	130870 451.7	154175 521.7	2300	4855	7655	10698	2329.7	6696 66.9
1m00	114336 $385^{k}5$	138978 455.6	163620 525.6	2465	5207	8215	11487	2464.5	7556 70.8
1m05	121145 $389^{k}4$	147135 459.5	173125 529.5	2631	5560	8776	12278	2599.0	8428 74.7
1m10	128000 $393^{k}3$	155336 463.4	182672 533.4	2797	5914	9339	13072	2733.6	9368 78.6

EPAISSEUR DES PLATES-BANDES = 0m045

Côté des Cornières = 0m06.

	Epaisseur de l'Ame = 0m005						**0m01**		
LARGEUR des plates-bandes. / HAUTEURS.	= 0m15	0m20	0m30	0m40	0m50	0m60	0m15	0m20	0m30
1m15	58023 181k0	72364 216.0	101046 286.0	129728 356.0	158410 426.1	187092 496.1	63201 222.2	77542 257.2	106224 327.2
1m20	61096 182k9	76110 217.9	106138 287.9	136166 357.9	166194 428.0	196222 498.0	66794 226.1	81808 261.1	111836 331.1
1m25	64193 184k8	79881 219.8	111257 289.8	142633 359.8	174009 429.9	205385 499.9	70437 230.0	86125 265.0	117501 335.0
1m30	67317 186k8	83679 221.8	116403 291.8	149127 361.8	181851 431.9	214575 501.9	74131 233.9	90493 268.9	123217 338.9
1m35	70466 188k7	87502 223.7	121574 293.7	155646 363.7	189718 433.8	223790 503.8	77874 237.7	94910 272.7	128982 342.7
1m40	73641 190k7	91351 225.7	126771 295.7	162191 365.7	197611 435.8	233031 505.8	81669 241.6	99379 276.6	134799 346.6
1m45	76842 192k6	95226 227.6	131994 297.6	168762 367.6	205530 437.7	242298 507.7	85516 245.5	103900 280.5	140668 350.5
1m50	80068 194k6	99126 229.6	137242 299.6	175358 369.6	213474 439.7	251590 509.7	89412 249.4	108470 284.4	146586 354.4
1m55	83319 196k5	103051 231.5	142515 301.5	181979 371.5	221443 441.6	260907 511.6	93357 253.3	113089 288.3	152553 358.3
1m60	86596 198k5	107002 233.5	147814 303.5	188626 373.5	229438 443.6	270250 513.6	97354 257.2	117760 292.2	158572 362.2
1m65	89898 200k4	110979 235.4	153141 305.4	195303 375.4	237465 445.5	279627 515.5	101402 261.1	122483 296.1	164645 366.1
1m70	93225 202k3	114980 237.3	158490 307.3	202000 377.3	245510 447.4	289020 517.4	105499 265.0	127254 300.0	170764 370.0
1m75	96577 204k3	119007 239.3	163867 309.3	208727 379.3	253587 449.4	298447 519.4	109645 268.9	132075 303.9	176935 373.9
1m80	99956 206k2	123060 241.2	169268 311.2	215476 381.2	261684 451.3	307892 521.3	113844 272.8	136947 307.8	183156 377.8
1m85	103358 208k2	127137 243.2	174695 313.2	222253 383.2	269811 453.3	317369 523.3	118092 276.6	141871 311.6	189429 381.6
1m90	106787 210k1	131240 245.1	180146 315.1	229052 385.1	277958 455.2	326864 525.2	122391 280.5	146844 315.5	195750 385.5
1m95	110241 212k1	135369 247.1	185625 317.1	235881 387.1	286137 457.2	336393 527.2	126741 284.4	151869 319.4	202125 389.4
2m00	113719 214k0	139522 249.0	191128 319.0	242734 389.0	294340 459.1	345946 529.1	131139 288.3	156942 323.3	208548 393.3

EPAISSEUR DES PLATES-BANDES = $0^{m}045$.

Côté des Cornières = $0^{m}06$				$0^{m}07$	$0^{m}08$	$0^{m}09$	$0^{m}10$	Suppléments par centimètre en plus	
Epaisseur de l'Ame = $0^{m}005$									
LARGEUR des plates-bandes. / HAUTEURS.	= $0^{m}40$	$0^{m}50$	$0^{m}60$	Suppléments pour emploi de ces Cornières au lieu de celles de $0^{m}06$ de côté.				de largeur des plates-bandes.	d'épaisseur de l'âme.
$1^{m}15$	134906	163588	192270	2965	6269	9903	13867	2868.5	10356
	397k2	467.5	537.5	9.4	18.0	28.0	40.0	7.0	82.4
$1^{m}20$	141964	171892	201920	3130	6624	10469	14664	3003.1	11396
	401k1	471.2	541.2						86.5
$1^{m}25$	148877	180255	211659	3297	6980	11036	15464	3137.8	12488
	405k0	475.1	545.1						90.2
$1^{m}30$	155941	188665	221380	3464	7337	11605	16265	3272.6	13628
	408k9	479.0	549.0						94.1
$1^{m}35$	163054	197126	231198	3631	7694	12171	17065	3407.4	14816
	412k7	482.8	552.8						98.0
$1^{m}40$	170219	205659	241059	3799	8050	12740	17867	3542.2	16056
	416k6	486.7	556.7						101.9
$1^{m}45$	177436	214204	250972	3966	8407	13309	18670	3677.0	17348
	420k5	490.6	560.6						105.8
$1^{m}50$	184702	222818	260954	4134	8765	13879	19475	3811.9	18688
	424k4	494.5	564.5						109.6
$1^{m}55$	192017	231481	270945	4302	9123	14450	20275	3946.7	20076
	428k3	498.4	568.4						113.5
$1^{m}60$	199384	240196	281008	4470	9482	15021	21078	4081.6	21516
	432k2	502.3	572.3						117.4
$1^{m}65$	206807	248969	291131	4638	9841	15593	21888	4216.4	23008
	436k1	506.2	576.2						121.3
$1^{m}70$	214274	257784	301294	4806	10200	16165	22697	4351.3	24548
	440k0	510.1	580.1						125.2
$1^{m}75$	221795	266655	311515	4974	10559	16736	23504	4486.2	26136
	443k9	514.0	584.0						129.1
$1^{m}80$	229364	275572	321780	5142	10918	17308	24312	4621.1	27776
	447k8	517.9	587.9						133.0
$1^{m}85$	236987	284545	332103	5311	11277	17881	25120	4755.9	29468
	451k6	521.7	591.7						136.9
$1^{m}90$	244656	293562	342468	5480	11637	18455	25929	4890.8	31208
	455k5	525.6	595.6						140.8
$1^{m}95$	252381	302637	352893	5649	11997	19028	26737	5025.7	33000
	459k4	529.5	599.5						144.6
$2^{m}00$	260154	311760	363366	5818	12357	19601	27547	5160.7	34840
	463k3	533.4	603.4						148.5

EPAISSEUR DES PLATES-BANDES = 0m05.									
Côté des Cornières = 0m06.									
Epaisseur de l'Ame =	**0m005**						**0m01**		
LARGEUR des plates-bandes = / HAUTEURS.	0m15	0m20	0m30	0m40	0m50	0m60	0m15	0m20	0m30
0m25	8025 157k2	10474 196.1	15376 273.9	20278 551.7	25180 429.5	30082 507.3	8091 163.1	10542 202.0	15444 279.8
0m30	10646 159k2	13745 198.1	20147 275.9	26481 553.7	32815 431.5	39149 509.3	10780 167.0	13947 203.9	20281 283.7
0m35	13335 161k1	17241 200.0	25026 277.8	32868 555.6	40590 433.4	48372 511.2	13575 170.8	17466 209.7	25248 287.5
0m40	16124 163k1	20740 202.0	29999 279.8	39249 557.6	48499 435.4	57749 513.2	16460 174.7	21085 213.6	30335 291.4
0m45	18948 165k0	24310 203.9	35054 281.7	45758 559.5	56482 437.3	67206 515.1	19424 178.6	24786 217.5	35510 295.3
0m50	21820 166k9	27920 205.8	40120 283.6	52320 561.4	64520 439.2	76720 517.0	22460 182.5	28560 221.4	40760 299.2
0m55	24750 168k9	31571 207.8	45254 285.6	58955 563.4	72647 441.2	86299 519.0	25538 186.4	32399 225.3	46081 303.1
0m60	27676 170k8	35259 209.7	50425 287.5	65594 565.3	80757 443.1	95925 520.9	28746 190.3	36299 229.2	51465 307.0
0m65	30655 172k8	38982 211.7	55640 289.5	72298 567.3	88956 445.1	105614 522.9	31951 194.2	40260 233.1	56948 310.9
0m70	33665 174k7	42737 213.6	60885 291.4	79055 569.2	97181 447.0	115329 524.8	35105 198.1	44279 237.0	62427 314.8
0m75	36705 176k7	46525 215.6	66157 293.4	85792 571.2	105426 449.0	125060 526.8	38355 202.0	48355 240.9	67987 318.7
0m80	39775 178k6	50340 217.5	71470 295.3	92600 573.1	113750 450.9	134860 528.7	41919 205.9	52484 244.8	73644 322.6
0m85	42875 180k6	54185 219.5	76809 297.3	99455 575.1	122057 452.9	144681 530.7	45585 209.7	56667 248.6	79291 326.4
0m90	46000 182.5	58058 221.4	82174 299.2	106290 577.0	130406 454.8	154522 532.6	48844 213.6	60902 252.5	85018 330.3
0m95	49156 184k5	61960 223.4	87568 301.2	113176 579.0	138784 456.8	164392 534.6	52388 217.5	65192 256.4	90800 334.2
1m00	52338 186k4	65888 225.3	92988 303.1	120088 580.9	147188 458.7	174288 536.5	55982 221.4	69552 260.3	96652 338.1
1m05	55546 188k3	69844 227.2	98440 305.0	127056 582.8	155632 460.6	184228 538.4	59628 225.3	73926 264.2	102522 342.0
1m10	58781 190k3	73826 229.2	103916 307.0	134006 584.8	164096 462.6	194186 540.4	63327 229.2	78372 268.1	108462 345.9

EPAISSEUR DES PLATES-BANDES = 0m05										
Côté des Cornières = 0m06				0m07	0m08	0m09	0m10	Suppléments par centimètre en plus	
Epaisseur de l'Ame = 0m01				Suppléments pour emploi de ces cornières au lieu de celles de 0m06 de côté.				de largeur des plates-bandes.	d'épaisseur de l'âme.
HAUTEURS / LARGEUR des plates-bandes.	= 0m40	0m50	0m60						
0m25	[illegible] 357.6	25248 435.4	30148 513.2	450 9.4	» 18.0	» 28.0	» 40.0	[illegible] 7.78	[illegible] 11.7
0m30	[illegible] 361.5	32949 439.5	[illegible] 517.1	[illegible]	528	845	[illegible]	[illegible]	[illegible] 15.6
0m35	[illegible] 365.5	40842 443.1	[illegible] 520.9	[illegible]	[illegible]	[illegible]	[illegible]	[illegible]	[illegible] 19.5
0m40	39585 369.2	[illegible] 447.0	58085 524.8	[illegible]	[illegible]	[illegible]	[illegible]	925.0	[illegible] 23.3
0m45	46254 373.1	[illegible] 450.9	[illegible] 528.7	653	[illegible]	[illegible]	[illegible]	[illegible]	[illegible] 27.2
0m50	[illegible] 377.0	[illegible] 454.8	[illegible] 532.6	806	[illegible]	[illegible]	[illegible]	[illegible]	[illegible] 31.1
0m55	[illegible] 380.9	[illegible] 458.7	[illegible] 536.5	[illegible]	[illegible]	[illegible]	[illegible]	[illegible]	[illegible] 35.0
0m60	[illegible] 384.8	[illegible] 462.6	[illegible] 540.4	[illegible]	[illegible]	[illegible]	[illegible]	[illegible]	[illegible] 38.9
0m65	[illegible] 388.7	[illegible] 466.5	[illegible] 544.5	[illegible]	[illegible]	[illegible]	[illegible]	[illegible]	[illegible] 42.8
0m70	[illegible] 392.6	[illegible] 470.4	[illegible] 548.2	1450	3005	[illegible]	[illegible]	[illegible]	[illegible] 46.7
0m75	87622 396.5	[illegible] 474.5	[illegible] 552.1	[illegible]	[illegible]	[illegible]	[illegible]	[illegible]	[illegible] 50.5
0m80	94744 400.4	[illegible] 478.2	[illegible] 556.0	[illegible]	[illegible]	[illegible]	[illegible]	[illegible]	[illegible] 54.4
0m85	101945 404.2	[illegible] 482.0	[illegible] 559.8	1945	[illegible]	[illegible]	[illegible]	[illegible]	[illegible] 58.5
0m90	[illegible] 408.1	[illegible] 485.9	[illegible] 563.7	[illegible]	[illegible]	[illegible]	[illegible]	[illegible]	[illegible] 62.2
0m95	116408 412.0	[illegible] 489.8	[illegible] 567.6	[illegible]	[illegible]	[illegible]	[illegible]	[illegible]	[illegible] 66.1
1m00	125752 415.9	150852 495.7	[illegible] 571.5	2407	5036	8042	[illegible]	[illegible]	[illegible] 69.9
1m05	[illegible] 419.8	159744 497.6	188510 575.4	2572	5157	[illegible]	[illegible]	[illegible]	[illegible] 73.8
1m10	138552 423.7	168642 501.5	198752 579.5	2759	5790	[illegible]	[illegible]	3009.4	[illegible] 77.7

EPAISSEUR DES PLATES-BANDES = 0m05.

Côté des Cornières = 0m06.

Epaisseur de l'Ame =	0m005						0m01		
LARGEUR des plates-bandes = / HAUTEURS.	0m15	0m20	0m30	0m40	0m50	0m60	0m15	0m20	0m30
1m15	62043 $192^{k}2$	77835 231.1	109419 308.9	141005 386.7	172587 464.5	204171 542 3	67077 233.1	82869 272.0	114453 349.8
1m20	65336 $194^{k}2$	81871 233.1	114956 310.9	148036 388.7	181116 466 5	214196 544.3	70882 237.0	87417 275 9	120502 353.7
1m25	68645 $196^{k}1$	85952 235.0	120506 312.8	155080 390.6	189654 468.4	224228 546.2	74751 240.9	92018 279 8	126592 357.6
1m30	71984 $198^{k}1$	90020 237.0	126092 314.8	162164 392.6	198236 470.4	234308 548.2	78630 244.8	96666 283.7	132738 361.5
1m35	75349 $200^{k}0$	94133 238.9	131701 316.7	169269 394 5	206837 472.3	244405 550.1	82585 248.6	101369 287.5	138937 365.3
1m40	78741 $202^{k}0$	98273 240.9	137337 318.7	176401 396.5	215465 474.3	254529 552.1	86587 252.5	106119 291.4	145183 369.2
1m45	82156 $203^{k}9$	102437 242.8	142999 320.6	183561 398.4	224123 476.2	264685 554 0	90640 256.4	110921 295.3	151483 373.1
1m50	85598 $205^{k}8$	106628 244.7	148688 322.5	190748 400.3	232808 478 1	274868 555.9	94754 260.3	115784 299.2	157844 377.0
1m55	89066 $207^{k}8$	110845 246.7	154403 324.5	197961 402.3	241519 480.1	285077 557.9	98900 264.2	120679 303.1	164237 380.9
1m60	92560 $209^{k}7$	115087 248.6	160141 326.4	205195 404.2	250249 482.0	295303 559.8	103106 268.1	125631 307.0	170687 384.8
1m65	96077 $211^{k}7$	119354 250.6	165908 328.4	212462 406 2	259016 484.0	305570 561 8	107361 272.0	130638 310 9	177192 388.7
1m70	99620 $213^{k}6$	123647 252.5	171701 330.3	219755 408.1	267809 485 9	315863 563.7	111666 275.9	135693 314.8	183747 392.6
1m75	103188 $215^{k}6$	127967 254.5	177525 332.3	227085 410.1	276640 487.9	326196 565 7	116022 279.8	140801 318.7	190359 396.5
1m80	106783 $217^{k}5$	132309 256.4	183361 334.2	234413 412.0	285465 489.8	336517 567 6	120429 283.7	145955 322 6	197007 400.4
1m85	110402 $219^{k}5$	136678 258.4	189230 336.2	241782 414.0	294534 491.8	346886 569.6	124886 287.5	151162 326 4	203714 404.2
1m90	114046 $221^{k}4$	141072 260.3	195124 338.1	249176 415.9	303228 493.7	357280 571.5	129592 291.4	156418 330.3	210470 408.1
1m95	117716 $223^{k}4$	145492 262.3	201044 340.1	256596 417.9	312148 495.7	367700 573.5	133950 295.3	161726 334.2	217278 412.0
2m00	121412 $225^{k}3$	149937 264.2	206987 342.0	264037 419 8	321087 497.6	378137 575.4	138560 299 2	167085 338.1	224135 415.9

EPAISSEUR DES PLATES-BANDES = 0m05									
Côté des Cornières = 0m06 Epaisseur de l'Ame = 0m005				0m07	0m08	0m09	0m10	Suppléments par centimètre en plus	
LARGEUR des plates-bandes. / HAUTEURS	= 0m40	0m50	0m60	Suppléments pour emploi de ces cornières au lieu de celles de 0m06 de côté.				de largeur des plates-bandes.	d'épaisseur de l'Ame.
1m15	146037 427k6	177621 505.4	209205 583.2	2905 9.4	6144 18.0	9706 28.0	13587 40 0	3158.7 7.78	10068 81.6
1m20	153582 431k5	186662 509.3	219742 587.1	3070	6498	10269	14385	3308.5	11092 85.5
1m25	161166 435k4	195740 513.2	230514 591.0	3237	6854	10834	15181	3458.0	12172 89.4
1m30	168810 439k3	204882 517.1	240954 594.9	3404	7211	11401	15978	3607.7	13292 93.3
1m35	176505 443k1	214073 520.9	251641 598.7	3571	7567	11968	16875	3757.4	14472 97.2
1m40	184247 447k0	223511 524 8	262575 602.6	3738	7924	12536	17672	3907.7	15692 101.1
1m45	192045 450k9	232607 528.7	273169 606.5	3905	8282	13105	18478	4056.9	16968 104.9
1m50	199904 454k8	241954 532.6	284014 610.4	4073	8658	13674	19185	4206.7	18292 108.8
1m55	207795 458k7	251353 536.5	294911 614 3	4241	8995	14244	19987	4356.5	19668 112.7
1m60	215741 462k6	260795 540 4	305849 618.2	4409	9352	14814	20791	4506.3	21092 116.6
1m65	223746 466k5	270300 544.3	316854 622.1	4577	9710	15385	21597	4656.1	22568 120.5
1m70	231801 470k4	279855 548.2	327909 626.0	4745	10069	15956	22402	4805.9	24092 124.4
1m75	239917 474k3	289474 552.1	339030 629.9	4913	10427	16527	23208	4955.7	25668 128 3
1m80	248059 478k2	299111 556.0	350163 633 8	5081	10786	17098	24015	5105.6	27292 132 2
1m85	256266 482k0	308818 559.8	361370 637 6	5250	11145	17671	24823	5255.4	28968 136 0
1m90	264522 485k9	318574 563.7	372626 641.5	5417	11504	18244	25632	5405.3	30692 139.9
1m95	272830 489k8	328382 567.6	383934 645.4	5586	11863	18616	26440	5555.1	32468 143.8
2m00	281183 493k7	338255 571 5	395285 649 3	5755	12223	19389	27248	5705.0	34296 147.7

4me PARTIE

Tables des Moments de Rupture

DE POUTRES

dont la hauteur varie de 0m25 en 0m25 entre 2m00 et 3m00 et de 0m50 en 0m50 entre 3m00 et 5m00 :

dont les plates-bandes ont 0m30, 0m40, 0m50, 0m60 de largeur et ont une épaisseur de 0m02, 0m03, 0m04, 0m05 :

dans lesquelles les cornières ont 0m06, 0m08, 0m10 de côté ;

ou valeurs de l'expression

$$\frac{R\ (ah^3 - a'h'^3 - a''h''^3 - a'''h'''^3)}{6\ h}$$

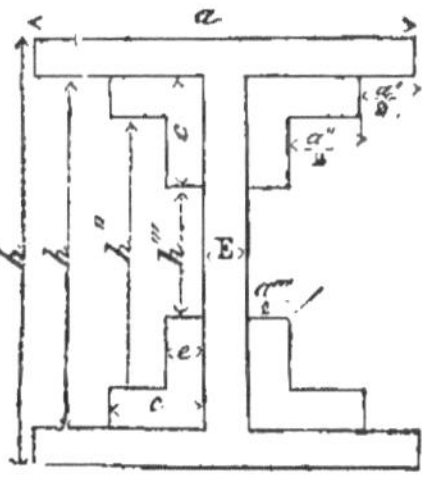

pour $R = 6000000$

$h = 2^m25,\ 2^m50,\ 2^m75,\ 3^m00,\ 3^m50,\ 4^m00,\ 4^m50,\ 5^m00$

$\frac{h - h'}{2} = 0^m01,\ 0^m015,\ 0^m02,\ 0^m03,\ 0^m04,\ 0^m05$

$a = 0^m20,\ 0^m30,\ 0^m40,\ 0^m50,\ 0^m60$

$\frac{h' - h'''}{2} = 0^m06,\ 0^m08,\ 0^m10$

	Côté des Cornières = 0m06					0m08	0m10	Suppléments par centimètre en plus	
	Epaisseur de l'Ame = 0m01			0m02		Suppléments pour emploi de ces cornières au lieu de celles de 0m06.			
LARGEUR des plates-bandes / HAUTEURS.	= 0m20	0m40	0m60	0m30	0m60			de largeur des plates-bandes.	d'épaisseur de l'âme.
EPAISSEUR DES PLATES-BANDES = 0m01.									
2m25	99060 256k5	125820 267.7	152580 298.9	161726 425.7	201867 472.4	15119 18.0	33754 40.0	1338.0 1.56	49287 173.5
2m50	116470 253k9	140250 287.2	175990 318.3	192565 464.6	257002 511.3	16927	37824	1488.0	61012 193.0
2m75	135130 275k4	167890 306.6	200650 337.8	225408 503.5	274637 550.2	18757	41895	1638.0	73987 212.4
3m00	155043 294k8	190805 326.1	220565 357.2	261155 542.4	314775 589.1	20547	45968	1788.0	88212 231.9
3m50	198590 333k7	240550 365.0	282110 396.1	350882 620.2	402522 666.9	24107	54116	2088.0	120412 270.8
4m00	247190 372k6	294950 405.9	342740 435.0	421682 698.0	500322 744.7	27788	62268	2388.0	157612 309.7
4m50	300766 411k5	354526 442.8	408286 473.9	527458 775.8	606098 822.5	31410	70422	2688.0	199812 348.6
5m00	359540 450k4	419100 481.7	478860 512.8	636233 853.6	725872 900.3	35032	78578	2908.0	247012 387.5
EPAISSEUR DES PLATES-BANDES = 0m015.									
2m25	111392 251k2	151354 297.9	191316 344.6	180000 417.4	239943 517.4	14979 18.0	33441 40.0	1998.1 2.33	48627 172.7
2m50	130228 270k7	174690 317.4	219152 364.1	212756 486.3	270429 556.3	16787	37509	2225.1	60277 192.2
2m75	150314 290k1	199276 336.8	248238 383.3	247972 525.2	321415 595.2	18596	41579	2448.1	73177 211.6
3m00	171649 309k6	225111 356.3	278573 403.0	283707 564.1	365900 634.1	20406	45652	2675.1	87527 231.1
3m50	218072 348k5	280554 395.2	342096 441.9	368680 641.9	462575 711.9	24026	53800	3123.1	119377 270.0
4m00	269495 387k4	340957 434.1	412419 480.8	461053 719.7	568846 789.7	27647	61951	3573.1	156427 308.9
4m50	325919 426k3	406581 473.0	486843 519.7	564627 797.5	685320 867.5	31208	70104	4023.1	198497 347.8
5m00	387344 465k2	476806 511.9	566288 558.6	677602 873.3	811815 945.3	34890	78258	4473.1	245527 386.7

	Côté des Cornières = 0^{m}06					0^{m}08	0^{m}10	Suppléments par centimètre en plus	
	Epaisseur de l'Ame = 0^{m}01			0^{m}02		Suppléments pour emploi de ces cornières au lieu de celles de 0^{m}06.		de largeur des plates-bandes.	d'épaisseur de l'âme.
LARGEUR des plates-bandes. / HAUTEURS.	= 0^{m}20	0^{m}40	0^{m}60	0^{m}30	0^{m}60				
EPAISSEUR DES PLATES-BANDES = 0^{m}02									
2^{m}25	125612 269^{k}0	176660 331.2	229708 393.4	198408 471.9	277680 565.5	14842 18.0	33196 40.0	2052.4 3.11	47972 171.9
2^{m}50	145874 288^{k}4	202019 350.6	264967 412.8	212942 510.8	321544 604.2	16650	37264	2952.4	59547 191.4
2^{m}75	165580 307^{k}9	230128 370.1	295476 432.3	270276 549.7	367848 645.1	18158	41334	3252.4	72372 210.8
3^{m}00	183140 327^{k}3	259188 389.5	330256 451.7	340144 588.6	416085 682.0	20267	45405	3552.4	86447 230.5
3^{m}50	237415 366^{k}2	320459 428.4	405505 490.6	397285 666.4	521852 759.8	23886	53530	4152.5	118547 269.2
4^{m}00	294687 405^{k}3	386751 467.5	481775 529.5	494456 744.2	657022 857.6	27506	61700	4752.2	155247 308.1
4^{m}50	350960 444^{k}0	458004 506.2	565048 568.4	604629 822.0	762195 915.4	31126	69851	5352.2	197147 347.0
5^{m}00	415254 482^{k}9	534278 545.1	653522 607.3	718803 899.8	897560 993.2	34748	78004	5952.2	244047 385.9
EPAISSEUR DES PLATES-BANDES = 0^{m}03									
2^{m}25	147724 298^{k}3	226383 391.9	305445 485.2	255056 515.5	352120 655.5	14566 18.0	32574 40.0	3943.1 4.67	46684 170.5
2^{m}50	170827 317^{k}9	258687 411.5	346547 504.7	272865 534.5	404655 694.5	16572	36637	4393.0	58108 189.8
2^{m}75	195484 337^{k}4	292044 430.8	388905 524.1	314598 593.5	459588 733.3	18479	40704	4843.0	70784 209.2
3^{m}00	220792 356^{k}8	326650 451.2	432508 545.5	358429 652.2	517216 772.2	19987	44774	5292.9	84708 228.7
3^{m}50	275761 395^{k}7	399617 489.1	523473 582.4	455997 710.0	639781 850.0	23604	52917	6192.8	110508 267.6
4^{m}00	335752 434^{k}6	477586 528.0	619440 621.5	559567 787.8	772548 927.8	27223	61064	7092.7	152908 306.5
4^{m}50	400704 473^{k}5	560556 566.9	720408 660.2	675138 865.6	944916 1005.6	30843	69215	7992.6	194508 345.4
5^{m}00	470677 512^{k}4	648527 605.8	826377 699.1	800710 943.4	1067485 1083.4	34464	77587	8892.5	241108 384.3

	Côté des Cornières = 0^{m}06					0^{m}08	0^{m}10	Suppléments par centimètre en plus	
	Epaisseur de l'Ame = 0^{m}01			0^{m}02		Suppléments pour emploi de ces cornières au lieu de celles de 0^{m}06			
LARGEUR des plates-bandes. / HAUTEURS	= 0^{m}20	0^{m}40	0^{m}60	0^{m}30	0^{m}60			de largeur des plates-bandes.	d'épaisseur de l'âme.
EPAISSEUR DES PLATES-BANDES = 0^{m}04									
2^{m}25	171391 327^{k}9	275507 452.4	379805 376.8	268906 558.9	425215 745 6	14295 18.0	31965 . 40.0	5210.3 6.22	45412 168.8
2^{m}50	197543 347^{k}3	313543 471.7	429743 596.1	312153 597.6	486433 784.5	16100	36024	5810.0	56690 188 2
2^{m}75	224547 366^{k}7	352743 491.1	480939 615.5	357857 636.5	550151 823.2	17906	40087	6409.8	69212 207.7
3^{m}00	253003 386^{k}1	393195 510.5	533587 634.9	406089 675.3	616386 862.0	19713	44154	7009.6	82990 227.1
3^{m}50	313666 424^{k}9	477854 549.4	642042 673.8	510050 753.1	756552 939.8	23330	52295	8209.4	114290 266 0
4^{m}00	379353 463^{k}8	567517 588.2	755701 712.6	624015 830.8	906291 1017.5	27945	60436	9409.2	150590 304 9
4^{m}50	450002 502^{k}7	662184 627.1	874366 751.5	747984 908.6	1066257 1095 3	30563	68583	10609.1	191891 343 8
5^{m}00	525672 541^{k}6	761852 666 0	998032 790.4	881953 986.4	1236223 1173.1	34182	76723	11809.0	238191 382.7
EPAISSEUR DES PLATES-BANDES = 0^{m}05									
2^{m}25	194626 337^{k}5	323714 513.1	452802 668.7	305340 602.6	496972 836.0	14024 18 0	31360 40.0	6454.4 7.78	44170 167.3
2^{m}50	223421 376^{k}9	367499 532.5	511580 688.1	350738 641.4	566875 874.8	15826	35417	7203.9	55298 186.7
2^{m}75	253421 396^{k}4	412540 551.9	571610 707.5	400676 680.3	639281 913 7	17630	39477	7953.5	67672 206.2
3^{m}00	284770 415^{k}6	458834 571.2	632900 726 8	453101 719.0	714200 952.5	19433	43540	8703.2	81299 223.6
3^{m}50	351126 454^{k}3	555182 610 1	759240 765.7	565453 796.8	871540 1030.2	23044	51672	10202.8	112299 264.5
4^{m}00	422488 493^{k}4	656536 649.0	890584 804.6	687811 874 6	1058880 1108.0	26658	59811	11702.4	148299 303.4
4^{m}50	498852 532^{k}3	762896 687.9	1026940 843 5	820173 932.4	1216240 1183.8	30274	67954	13202.2	189299 342.3
5^{m}00	580219 571^{k}2	874259 726 8	1168300 882.4	962557 1030.2	1403600 1263.6	33890	76101	14702.0	235300 381.2

TABLE DES MATIÈRES

ERRATA

Page IX 2me ligne :

$$\frac{R}{3\,H}\left\{\frac{(ah^3 - a'h'^3 - a''h''^3 - a'''h'''^3)}{4} + \frac{(a_1 h_1^3 - a_1' h_1'^3 - a_1'' h_1''^3 - a_1''' h_1'''^3)}{4}\right\}$$

Même page 4me ligne :

$$\frac{1}{2H}\left\{h\,R\frac{(ah^3 - a'h'^3 - a''h''^3 - a'''h'''^3)}{6\,h} + h_1\left(R\frac{(a_1 h_1^3 - a_1' h_1'^3 - a_1'' h_1''^3 - a_1''' h_1'''^3)}{6\,h}\right\}$$

Même page 7me ligne :

Le tout par 2 H, H étant la plus grande des quantités h ou h_1

Maubeuge, Imprimerie de E. BEUGNIES, Place d'Armes.

www.ingramcontent.com/pod-product-compliance
Lightning Source LLC
LaVergne TN
LVHW020045170826
845678LV00001B/443

* 9 7 8 2 3 2 9 6 8 9 1 6 6 *